PSICOLOGIA NERA

LA GUIDA COMPLETA PER ANALIZZARE LE PERSONE ATTRAVERSO LE TECNICHE DI MANIPOLAZIONE, LINGUAGGIO DEL CORPO E PERSUASIONE

SOMMARIO

INTRODUZIONE

Per capire cos'è la psicologia oscura, dobbiamo prima stabilire cos'è la psicologia nel suo insieme. E' definita come lo studio della mente umana, soprattutto per quanto riguarda la connessione tra pensieri e comportamenti. Anche ai tempi dei grandi filosofi greci, gli studiosi erano affascinati dal funzionamento della mente e da come essa si relazionava con le nostre azioni e reazioni.

La psicologia moderna fu fondata da un medico tedesco di nome Wilhelm Wundt.

Wundt era sia un fisiologo che un filosofo e il suo interesse, in questi campi, ha portato allo sviluppo delle sue teorie sul rapporto tra corpo e mente.

Nel 1879 Wundt fondò il primo laboratorio di psicologia al mondo, situato presso l'Università di Lipsia. Era determinato a dimostrare che il funzionamento interno della mente poteva essere misurato ed esaminato come qualsiasi altro esperimento scientifico. Sviluppò teorie ed esperimenti basati sui seguenti principi:

- Volontarismo : il processo di organizzazione della mente.

- Riduzionismo : la capacità di isolare ogni parte della mente.

- Introspezione : la capacità di eseguire un autoesame dettagliato.

Utilizzando questi principi, Wundt ha sviluppato un metodo per testare la psiche dei suoi soggetti; quando era medico, Wundt aveva testato il tempo di reazione dei suoi pazienti a determinati stimoli fisici in un ambiente controllato, come un rumore o una luce lampeggiante (i precursori dei moderni test dell'udito o della vista) ed inoltre si domandò se poteva testare anche la mente in modo simile.

Il risultato fu un esperimento in cui Wundt fece concentrare i suoi soggetti su un metronomo, per poi descrivere come quest'ultimo li faceva sentire. Dettagliando i suoni, le sensazioni e i pensieri che avevano quando si concentravano sul ticchettio del metronomo, Wundt è stato in grado di determinare il modo in cui il cervello è influenzato da stimoli controllati. Ha persino tentato di misurare i livelli di attività chimica nel cervello durante e dopo questi esperimenti.

Mentre il lavoro di Wundt era primitivo per gli standard della psicologia moderna, per lui è stato abbastanza innovativo ed ha formato oltre cento studenti e ispirato la generazione successiva di psicologi.

Ricordiamo Sigmund Freud che è stato il padre della psicoanalisi; Carl Jung, che ha ampliato le teorie di Freud sviluppando la psicologia analitica; William James che ha portato la psicologia moderna in America e Alfred Alder che ha formulato le connessioni tra i bisogni emotivi e le abilità sociali. Questi uomini fecero un lavoro che sarebbe poi sbocciato nei molti rami della psicologia e della psicoterapia odierna, compresa la terapia cognitivo-comportamentale.

CAPITOLO 1:

COS'E' LA
PSICOLOGIA OSCURA

Si può certamente sostenere che la psicologia nera o meglio definita oscura, precede lo studio della psicologia come scienza moderna. È ampiamente documentato che Cleopatra usasse l'arte della seduzione come strumento di negoziazione politica. Adamo ed Eva non tentarono di ingannare Dio nel primo libro della Bibbia cristiana? Gli uomini hanno sempre usato il cervello per cercare di influenzare altre persone.

Il termine psicologia oscura non si riferisce all'opposto della psicologia, ma è più uno studio dei comportamenti del cervello umano. La psicologia oscura è evocata dai criminologi e dagli psicologi forensi quando esaminano i comportamenti dei serial killer o degli psicopatici criminali o dei sociopatici. Gli psicopatici sono coloro che mostrano clinicamente un disturbo della personalità che li rende particolarmente aberranti o aggressivi nei confronti degli altri mentre i sociopatici sono coloro che, allo stesso modo, non mostrano alcuna emozione, coscienza e rispetto per le norme o le regole della società.

La psicologia oscura può anche riferirsi alle pratiche di inganno, manipolazione o seduzione per avere un guadagno personale, così come le pratiche di ipnosi, condizionamento negativo, lavaggio del cervello o gaslighting. Le persone usano la psicologia oscura per una serie di ragioni e non tutte sono negative, nonostante il nome perchè può essere utilizzata per scopi commerciali, cioè l'uso della persuasione nelle vendite o per aiutare a visualizzare i propri obiettivi, cioè la programmazione neurolinguistica.

La psicologia oscura è stata utilizzata fin dagli albori dell'uomo primitivo e l'inganno e la persuasione giocano a favore della sopravvivenza del più forte. In sostanza, fin da quando gli umani hanno avuto pensieri nella loro testa, hanno pensato a come superare con astuzia gli altri umani. È solo nell'ultimo secolo e mezzo che la psicologia oscura è stata studiata in senso moderno, con l'ascesa della criminologia e della psicologia forense come scienze riconosciute. Molti pezzi del puzzle della psicologia oscura sono stati messi in atto ben prima di allora.

In altre parole, la psicologia oscura è tutto ciò che fa appello al lato più basso del pensiero umano perchè si basa sul sentimento dell'istinto e sulla capacità di leggere gli altri. Sia che la si usi per combattere il crimine o per trovare un amante, la psicologia oscura è sempre intorno a noi ma il suo potere sta nel modo in cui la usiamo, in cui ci difendiamo da essa e come viene studiata.

Nel corso dei prossimi capitoli, esamineremo in profondità molte forme di psicologia oscura e questa conoscenza la potrete conservare ed usare come meglio credete. Ma mentre esaminiamo e discutiamo la storia e la metodologia di ogni aspetto della psicologia oscura, prendetevi il tempo per porvi tre domande: Come posso riconoscere questo comportamento negli altri? Cosa potrei guadagnare se la dovessi usare? Cosa potrei perdere se qualcuno la utilizzasse contro di me?

Se riuscite a rispondere facilmente a queste tre domande, probabilmente avete una forte padronanza del concetto e avrete molte più consapevolezza nel momento in cui viene utilizzato da voi o verso di voi. Ovviamente non è un problema se non si conosce immediatamente la risposta a queste tre domande. Prendetevi il tempo di riflettere sul perché non siete affascinati da questa una forma di psicologia oscura. Ricordate che anche il padre della psicologia, Wilhelm Wundt, ha creduto nel principio dell'introspezione.

Se il termine psicologia oscura suona un po' misterioso, probabilmente lo è; il cervello e le sue funzioni sono studiati continuamente in una varietà di discipline eppure scienziati, neurologi, patologi e gli esperti in campo psicoanalitico fanno costantemente nuove scoperte. Il cervello umano è un organo estremamente complesso e potrebbero passare ancora alcuni secoli prima di sapere tutto ciò di cui è capace.

Una cosa è certa, la psicologia oscura può essere definita dal modo in cui le azioni e le interazioni delle persone influenzano gli altri, nel bene e nel male. La psicologia oscura è profondamente radicata come causa ed effetto, spingere e tirare, ingannare o essere ingannati. Si basa non solo sulla capacità degli esseri umani di connettersi con gli altri e di comprenderli ma anche sul fatto che non tutti i cervelli sono sviluppati nello stesso modo. Alcune persone sono legate al ruolo di leader, altre sono inclini ai seguaci. Gli esseri umani variano molto in intelligenza, abilità e talento e la psicologia oscura cerca di sfruttare i punti di forza e di debolezza.

Comprendendo come la psicologia oscura può essere utilizzata in quasi tutti gli aspetti della vita, si possono iniziare a creare le proprie idee su come usare la propria psicologia oscura.

CAPITOLO 2:

COME SI USA LA PSICOLOGIA OSCURA

Poiché la psicologia oscura può coprire una così grande varietà di tecniche mentali, è importante capire che ognuna di esse può essere applicata in modo diverso. Sebbene vi sia una certa sovrapposizione tra i metodi, bisogna definirli per comprendere l'intero spettro della psicologia oscura.

Persuasione

Convincere qualcuno ad agire o pensare in un certo modo sulla base del ragionamento o sulla discussione. Quando si parla di persuasione nel regno della psicologia oscura, significa convincere qualcuno ad agire in un modo che è vantaggioso per il persuasore ma che potrebbe non essere vantaggioso per la persona che viene persuasa e ciò può avvenire sotto forma di coercizione forzata.

La persuasione è un'abilità importante quando si tratta di vendere ma può essere usata anche nelle relazioni personali.

Le persone che vengono persuase sono di solito consapevoli di ciò che sta succedendo, ma sono completamente impotenti. L'arte della persuasione è una disciplina che è stata insegnata fin dai tempi degli antichi greci, quando lo stesso Aristotele istruiva i suoi studenti in retorica e metodo argomentativo.

Manipolazione

La manipolazione ha una connotazione negativa, ancor prima di essere messa sotto i riflettori della psicologia oscura. Manipolare significa portare qualcuno verso ciò che si vuole o modellare qualcosa secondo le proprie specifiche e desideri. Nella psicologia oscura, questo si riferisce alla tecnica di indurre un'altra persona a cambiare se stessa, ad agire in modo deviato dalla propria personalità o ad agire per conto della persona che la manipola.

Gli individui manipolati spesso non sono consapevoli del fatto di ciò che avviene perché abili manipolatori possono far sentire i loro soggetti a proprio agio senza soluzione di continuità; gli psicologi stanno ancora cercando di individuare esattamente ciò che induce una persona a manipolarne un'altra ma alcuni hanno identificato quelle che ritengono essere le caratteristiche più forti del manipolatore e del manipolato.

9

Inganno

Si può pensare che l'inganno vada da una piccola falsità come una lieve bugia bianca fino ad una grande indiscrezione fraudolenta. Influenzare il modo in cui un'altra persona si sente, pensa o agisce per mezzo di menzogne o omissione rientra nella categoria dell'inganno e le persone usano l'inganno quando non vogliono essere scoperti, quando vogliono falsamente indurre qualcun altro a pensare o ad agire in un certo modo oppure quando vogliono che qualcosa avvenga con falsi pretesti.

L'inganno può essere un metodo molto offensivo della psicologia oscura perché la maggior parte delle persone reagisce in modo molto negativo nel momento in cui scopre di essere stato mentito. Le persone che usano l'inganno come metodo nella psicologia oscura dovrebbero essere consapevoli che ci possono essere conseguenze di rabbia e dolore se vengono colte nelle loro menzogne.

Ipnosi

L'ipnosi è una tecnica che altera lo stato di coscienza di una persona per renderla altamente suggestionabile a comportamenti che normalmente non mostrerebbe. È stata usata storicamente in tutto, dagli spettacoli da salotto alla psicoterapia intensa ed è soggetta ad un grande scetticismo.

Nel regno della psicologia oscura, l'ipnosi potrebbe essere usata per indurre il soggetto ad agire per conto di un altro o a comportarsi in modo ripugnante al suo normale stato d'essere. Poiché le persone in uno stato di ipnosi sono spesso iperfocalizzate sul compito che è stato loro assegnato, sono spinte a completare quel compito, indipendentemente dalle conseguenze.

L'ipnosi è stata resa popolare dal medico austriaco Franz Mesmer e proprio dal suo nome deriva la parola "ipnotizzare". Il metodo di ipnosi di Mesmer è molto diverso da quello che pensiamo oggi perchè credeva che fosse davvero uno strumento di guarigione. La teoria di Mesmer sosteneva che il corpo umano, come tutte le cose, ha un campo magnetico invisibile e che, trovando un modo per allineare quel campo magnetico, i suoi pazienti potevano essere guariti da ciò che li affliggeva. Si diceva spesso che durante il trattamento questi pazienti entravano in uno stato di trance, diventando così "ipnotizzati".

Gli stati di trance o le azioni subcoscienti non si limitano solo alla tecnica di guarigione di Mesmer; ci sono numerosi esempi nella storia di persone che cadono in trance durante rituali spirituali o religiosi. Molti dei precursori del lavoro di Mesmer includevano anche i magneti e fu solo più tardi, quando il medico scozzese James Braid si interessò al lavoro di Mesmer, che la tecnica di indurre una trance medica divenne nota prima come neuro-ipnosi e poi solo ipnosi.

Braid credeva che il mesmerismo o l'ipnotismo avesse meno a che fare con i campi magnetici ma più con il processo di messa a fuoco oculare usato per indurre la trance. Braid teorizzò che quando i pazienti furono costretti a tenere gli occhi su un oggetto in movimento, il loro cervello si cullava in un senso di pseudo-sonno e cominciò a funzionare ad un livello diverso.

Lavaggio del cervello e altre tecniche di condizionamento

La maggior parte delle persone ha familiarità con il condizionamento, reso famoso da Pavlov e dai suoi cani. Per chi ha bisogno di un aggiornamento, Ivan Pavlov è stato uno psicologo, fisiologo e ricercatore russo che è diventato il padre fondatore del condizionamento classico. Il suo rinomato esperimento con i cani può essere brevemente riassunto in questo modo: Pavlov suonava una campana ogni giorno e poi dava immediatamente da mangiare ai suoi cani che iniziavano a sbavare perché sapevano che il loro cibo arrivava dopo la campana. Alla fine, i cani sbavavano quando sentivano la campana, sia che venissero o meno nutriti perchè collegavano il suono della campana al cibo.

Allo stesso modo, gli esseri umani possono essere condizionati a comportarsi in modo specifico in base ai criteri degli stimoli. Il lavaggio del cervello, come spesso lo chiamiamo, può essere applicato ad un individuo o ad un gruppo, come spesso si vede nei culti. Le persone si comportano in un certo modo quando vengono sollecitate perché credono che alla fine ci sarà una ricompensa. In casi estremi, le persone non vogliono essere salvate dal lavaggio del cervello, perché credono che saranno punite e non riceveranno la ricompensa promessa.

Un'altra forma estrema di condizionamento è nota come Sindrome di Stoccolma; si verifica quando un prigioniero forma un legame di simpatia con il suo sequestratore. Il contrario è noto come Sindrome di Lima ed entrambi gli effetti psicologici prendono il nome da atti storici; il primo, da una rapina in banca a Stoccolma, in Svezia, in cui gli ostaggi si rifiutarono di accusare i rapinatori che li tenevano contro la loro volontà e il secondo si verificò a Lima, in Perù, dove i militanti presero in ostaggio centinaia di persone all'ambasciata giapponese, ma ne liberarono la maggior parte per simpatia.

Gaslighting

E' una tecnica psicologica che esisteva molto prima che le venisse dato un soprannome moderno. Il termine "gaslighting" deriva da un'opera teatrale e da un film successivo intitolato Gaslight, in cui un uomo fa credere alla moglie che sta perdendo la ragione, quando in realtà il marito le sta giocando una serie di sottili scherzi psicologici, tra cui il cambiamento delle impostazioni delle lampade a gas all'interno della loro casa.

In generale, il termine " gaslighting " viene ora usato per descrivere un numero qualsiasi di azioni che inducono un soggetto a mettere in discussione le proprie percezioni, la propria comprensione della realtà e la propria salute mentale. Questa tecnica è usata più frequentemente da un individuo verso un'altra persona ma può anche essere perpetrata su un gruppo più ampio in determinate circostanze.

Applicazione generale della psicologia oscura

Come potete vedere, c'è una moltitudine di tecniche e metodi di psicologia oscura che solleva alcune domande. Perché qualcuno dovrebbe usare la psicologia oscura? Come può essere utilizzata a mio vantaggio? Come si fa a sapere quando la psicologia oscura viene usata contro di te?

La prima domanda è la più facile da rispondere; le persone usano la psicologia oscura per ottenere qualcosa che vogliono. L'uso primario della psicologia oscura è quello di raggiungere un obiettivo e questo porta ad un'altra domanda: la psicologia oscura è vantaggiosa solo per la persona che la usa? Al contrario, danneggia sempre il soggetto?

La seconda domanda era: "Come posso usare la psicologia oscura a mio vantaggio"? La risposta sarebbe quella di determinare il metodo più adatto alle vostre esigenze. Per farlo, dovete prima individuare il vostro obiettivo o desiderio e, una volta fatto questo, potete determinare quale metodo di psicologia oscura è migliore per raggiungere i vostri obiettivi ma ci possono essere anche momenti in cui un mix di metodi è più efficace per le vostre esigenze.

Per sapere quando la psicologia oscura viene usata contro di voi, lo vedremo successivamente in un capitolo dedicato esclusivamente a questa tematica. Per ora, diciamo solo che più si impara sulla psicologia oscura e su come funziona, più si è preparati a difendersi, il che significa che è il momento di entrare nel dettaglio e leggere i capitoli che descrivono le tecniche che abbiamo delineato. Una volta spiegati i metodi principali, parleremo di altri modi per riconoscere e usare la psicologia oscura: nella vita di tutti i giorni, nel rapporto di coppia e di come manipolare anche voi stessi per raggiungere i vostri obiettivi.

CAPITOLO 3:

IL QUADRO DELLA PSICOLOGIA OSCURA

Un quadro di riferimento, all'interno di tutti gli ambiti della scienza, è un approccio strutturato, costituito da settori separati che sostengono uno studio o una ricerca teorica. All'interno dell'ampia gamma della psicologia popolare, esiste un quadro teorico composto da cinque punti e da un quadro psicologico utilizzato nella pratica psichiatrica generale. Entrambe sono applicate alla Psicologia Oscura perchè il quadro teorico è molto poco alterato nelle opere psichiatriche oscure mentre il quadro psicologico varia in relazione al tipo di lavoro che viene eseguito (trattamento o studio).

Il quadro teorico è costituito da Struttura, Funzione, Comportamento, Abilità Cognitiva e Psicoanalisi.

- **Strutturalismo**: questa entità del quadro teorico psicologico è implementata ogni volta e l'obiettivo è quello di identificare i punti specifici delle esperienze psicologiche del paziente utilizzando una tecnica chiamata introspezione che è stata sviluppata dallo psicologo Wilhelm Wundt e si basa sul riflesso delle emozioni e dei pensieri interni del paziente; questi pensieri e sentimenti vengono poi elaborati nelle forme di coscienza più elementari.

- **Funzionalismo**: il funzionalismo è stato introdotto non molto tempo dopo che lo studente di Wundt, Edward B. Titchener, ha formalmente rilasciato lo strutturalismo alla comunità psicologica. Il funzionalismo è stato ispirato da intellettuali e brillanti menti come Charles Darwin.

Il funzionalismo prese lo strutturalismo ma non valorizzò l'idea di concentrarsi sugli elementi della coscienza di una persona ma, invece, si concentrò sul singolo paziente e su quali differenze fossero considerate.

- **Comportamenti**: questa entità di strutture psicologiche è stata originariamente creata nel 1913 quando John B. Watson pubblicò "Psychology as the Behaviorist Views It".

Il comportamento si basa completamente e unicamente sulle azioni esteriori di una persona senza alcuna attenzione per i pensieri e le emozioni interiori. Watson, ha pienamente racchiuso l'idea del comportamentismo quando ha detto: *"Si ritiene che tutti i comportamenti siano dovuti al condizionamento e all'educazione di una persona ricevuta dal momento in cui è nata."*

- **Cognitivismo**: è stato creato come risposta all'ascesa del comportamentismo.

Gli psicologi hanno sostenuto che il pensiero è più di un comportamento e credono che il pensiero sia ciò che crea i comportamenti; questa pratica teorica studia le idee, i pensieri, i processi e l'intelletto ma non il comportamento dell'individuo.

- **Psicoanalisi**: La psicoanalisi è probabilmente il quadro più conosciuto della psicologia tradizionale. Questo processo coinvolge un po' tutto quanto detto sopra insieme all'effetto delle esperienze dell'infanzia e al modo in cui esse si relazionano con il processo dell'adulto. C'è un'enfasi sui processi di salute mentale che gli individui attraversano senza nemmeno sapere di esserlo.

Quadro psicologico generale

Mentre tutti questi elementi sono utilizzati in un modo teorico o in un altro all'interno della psicologia, il quadro generale è più in sintonia con il tipo specifico di trattamento a cui il paziente sarà sottoposto.

Ci sono quattro tipi principali di psicoterapia:

-   Psicoterapia all'interno del modello umanistico
-   Psicoterapia all'interno del modello cognitivo
-   Psicoterapia all'interno del modello psicodinamico
-   Psicoterapia all'interno del modello familiare

Tutti e quattro si trovano all'interno della comunità psicologica tradizionale. Tuttavia, quando si inizia a passare alla Psicologia Oscura, queste cose cambiano e la terapia lascia spazio alla ricerca.

Spesso ci vorrà molto tempo per immergersi nella mente di qualcuno bloccato dalla Psicologia Oscura. Non ci sono vere e proprie spiegazioni sul perché queste persone tendono ad essere restie nel comunicare ma quel 0,01% raramente reagisce ad una delle suddette terapie.

Il Continuum Oscuro

Tutti gli individui hanno la capacità di attingere alla loro psiche oscura ma la maggioranza lo fa solo ad un livello molto minuscolo.

Poi ci sono quei criminali che si spostano sempre più in basso fino ad arrivare a quel 0,01% di crimini atroci e indescrivibili.

Immaginate che gli aspetti della Psicologia Oscura si collochino su una linea; quelli che usano azioni che rientrano nello spettro oscuro, si trovano proprio su questa linea.

Tutte le devianze, gli atti di malizia, le azioni manipolatorie e i comportamenti perversi si collocano da qualche parte nella linea oscura e quest'ultima non è specifica solo nell'azione ma anche nei sentimenti, nei pensieri, nelle idee e nei punti di vista e rappresenta tutta la psiche oscura all'interno del

19

settore della psicologia oscura.

In confronto, si può anche immaginare un diagramma di Venn dove i tre cerchi si sovrappongono l'uno all'altro e all'interno di ciascuna delle sezioni del diagramma ci sono i pensieri, le azioni, ecc. Alcuni si sovrappongono l'uno con l'altro, mentre altri stanno in piedi da soli; i bordi esterni del cerchio possono essere interpretati come i settori meno volatili della Psicologia Oscura mentre quelli che intersecano i cerchi interni includono anche quel 0,01% di persone.

Mentre gli atti e i pensieri all'interno di una psiche oscura rientrano nel diagramma o nella linea rispetto alla loro gravità, il Continuum non vuole essere uno strumento usato per decidere la gravità specifica dell'evento.

Un'altra personalità del settore, Nuccitelli, sta lavorando ulteriormente su questo concetto in quanto non è completo e, attraverso una maggiore ricerca e un'espansione più aperta degli studi all'interno della Psicologia Oscura, il Continuum Oscuro filtrerà fino ad una teoria più precisa.

Il Fattore Oscuro

Pur essendo relativamente nuovo nel mondo della psicologia, non è qualcosa che è stato nascosto alla pratica psicologica nel corso degli anni. Charles Spearman, uno psicologo inglese, nel 1904, fece due delle scoperte più importanti della psicologia fino ad oggi. La prima scoperta si basava sull'idea che esistesse un fattore generale di intelligenza, il fattore "G" che definiva il tasso di punteggio per l'intelligenza e si fondava sul fatto che, indipendentemente dall'indicatore, finché il test è approfondito e sufficiente, si potrà misurare l'intelligenza cognitiva di una persona.

In seguito, Moshagen e i suoi collaboratori hanno risposto alla domanda se ci fosse una sola forza che unificasse tutti i tratti oscuri, denominato fattore "D".

Hanno dimostrato che non c'è un solo tratto che definisce una psiche oscura ma, al contrario, c'è una moltitudine di tratti umani, alcuni buoni e altri cattivi che culminano nel livello di oscurità in cui consiste la psiche.

Per validare la loro teoria, il team ha usato nove diversi tratti, ben stabiliti all'interno del regno della psicologia e ha testato le persone su di essi.

I tratti utilizzati sono stati:

- Rancore
- Interesse personale
- Sadismo
- Psicopatia
- Diritto psicologico
- Narcisismo
- Disimpegno morale
- Machiavellismo

- Egoismo

Sono state testate persone di tutti i ceti sociali e i risultati sono stati poi combinati e studiati; alla fine il team è giunto alle seguenti conclusioni:

1. Si è scoperto che c'era una relazione positiva tra tutti i tratti oscuri analizzati.

2. Gli elementi del Fattore "D" più relazionabili si sono raggruppati in modelli che hanno fornito una base per la loro teoria che si legava strettamente alle idee di massimizzazione dell'utilità, infliggendo disutilità e giustificando le credenze malevoli.

3. Osservarono che alle persone a cui avevano attribuito punteggi più alti del fattore "D", quando gli veniva dato del denaro, erano più propensi a tenerlo per sé. Oltre a questa scoperta, le persone erano anche più propense ad avere comportamenti non etici come ad esempio imbrogliare.

4. Il fattore "D" era strettamente legato all'egocentrismo, al dominio, ai comportamenti impulsivi, al bisogno di potere, alle tendenze aggressive e ai problemi morali; allo stesso tempo, erano anche collegati a determinati fattori come le azioni sincere, le idee giuste, l'evitare l'avidità e il comportamento modesto.

5. Il fattore "D" non si riferisce ad una sola misura. Anche

quando è stato testato ripetutamente, eliminando diverse variabili dall'esperimento, le correlazioni erano le stesse.

I test del Fattore Oscuro erano molto più complessi dei test precedenti perchè sono state prese in considerazione anche le informazioni sul background della persona, la storia familiare, il temperamento e le esperienze di vita.

Questo test ha aperto la strada a molte altre ricerche sul temperamento oscuro ed è stato ampiamente accettato dalla comunità psicologica; inoltre questo studio dovrebbe portare la Psicologia Oscura nel regno della psicologia quotidiana e due domande che vengono spesso poste sono:

Cosa c'è al centro del Fattore "D"? Che tipo di persona è la più oscura?

La singolarità oscura

Prima di immergerci nel significato stesso di Singolarità Oscura all'interno del regno della Psicologia Oscura, è importante comprendere ulteriormente la profondità che gli esseri umani sono in grado di raggiungere con il Fattore Oscuro.

Al nostro cervello non piace l'idea che qualcosa sia molto più malvagio o minaccioso rispetto alla nostra capacità di comprensione; la scienza ha un sacco di idee diverse e il nostro cervello non ha la capacità di comprenderle completamente.

Singolarità in termini generali

Per la scienza, una singolarità è un punto nello spazio e nel tempo che ha un valore infinito e il più delle volte viene preso in considerazione quando è presente una densità infinita al centro minuscolo di un buco nero.

In teoria, il centro di un buco nero non finisce mai, quindi è infinito e si teorizza che la forza di gravità può comprimere un oggetto al punto che esso ha un volume praticamente nullo e diventa infinitamente denso. A questo punto, si ritiene che lo spazio e il tempo non esistano più sulla scala riconosciuta dalla mente umana e poiché lo spazio e il tempo sono completamente diversi, le leggi della fisica non possono essere applicate.

La grandezza stessa di questo tipo di evento è quasi impossibile da comprendere appieno per il nostro cervello.

Siamo circondati da tutte le cose che rendono possibile la vita come la gravità, l'aria, la pressione, la densità, tutto in perfetto equilibrio simbiotico con il nostro corpo umano, o viceversa e immaginare un luogo nello spazio e nel tempo così diverso può essere incredibile e quasi spaventoso.

Quello di cui la gente non si rende conto è che, su una scala più piccola, la singolarità può essere applicata alle cose del nostro tempo e dei nostri giorni ed è qui che entra in gioco la teoria della Singolarità Oscura.

La singolarità nella psicologia oscura

All'interno dei confini del nostro universo, un enorme buco nero si trova al centro di ogni galassia ed è una forza vorticosa, furiosa e benevola, un'energia a cascata verso l'interno che assorbe tutto ciò che gli viene incontro e non restituisce nulla, nemmeno un singolo raggio di luce.

È uno degli aspetti più sconosciuti ma fantastici dello spazio, anche all'interno della nostra stessa galassia; la singolarità oscura è una cosa sola.

Dimenticate l'immagine del fiore e immaginate il "Fattore Oscuro" come una galassia vorticosa.

Ogni singola stella, ogni striscia di gas è un tratto di personalità che gli esseri umani sono capaci di avere e al centro di quella galassia non c'è nient'altro che l'oscurità perchè è il punto di singolarità.

Quel punto di densità infinita rappresenta la persona più atroce e incredibilmente malvagia che sia mai esistita ma al di là di questo, non ci sono limiti alla malvagità che si può trovare all'interno di questa vorticosa oscurità.

Non c'è fine e non c'è ragione o comprensione di come possano essere; sono potenti, spesso inarrestabili, distruggono tutto ciò che si avvicina a loro e sono peggio di qualsiasi assassino.

Non comprendono il male che fanno, non hanno senso morale o alcuna emozione nei confronti di qualcuno perchè stanno semplicemente facendo ciò che la loro psiche oscura dice loro di fare; questo è ciò che è la Singolarità Oscura.

Con ogni atto machiavellico, una persona scivola sempre più vicino al punto di densità infinita e non c'è un livello in cui si sbatte contro un muro.

Le possibilità sono infinite ma, se si sottoscrive la teoria adleriana, non ci sarebbe una sola persona a raggiungere il punto di densità infinita perché tutti nascono con uno scopo e quel 0,01% sono coloro i quali non si riconoscono sotto gli ideali descritti di Adler perchè sono quelli che non hanno uno scopo per il male che fanno.

La maggior parte della teoria della Singolarità Oscura è stata creata da Nuccitelli attraverso una sua ricerca ma anche da Alfred Adler e Carl Jung molti anni prima.

Come tutte le altre forme di scienza, costruiamo le nostre teorie sulle spalle di quelle che sono state studiate in precedenza. Modelliamo e plasmiamo le nostre idee del costrutto umano a partire dalle esperienze che abbiamo avuto e che altri hanno avuto nel corso del tempo. In teoria, la Singolarità Oscura potrebbe esistere ma se avessimo sempre saputo cosa c'è oltre l'orizzonte degli eventi, appena oltre quel punto di singolarità, crederemmo che non c'è fine alle profondità del male che un essere umano può raggiungere? Forse, ma forse no.

Infinito è solo una parola creata per rappresentare un'esistenza troppo lontana e troppo grande per sapere se c'è una fine.

Quel 0,01% è al centro dell'attenzione di molti psicologi e criminologi perchè sono i più inafferrabili, i meno compresi e i più pericolosi.

Ci sono quattro tipi di tratti oscuri della personalità che sono i peggiori di tutti: gli psicopatici, i narcisisti, i machiavellici e i sadici e si trovano tutti al limite dell'oscurità. Vuoi sapere se sei uno di questi? Scopriamolo!

CAPITOLO 4:

PERCHE' HAI BISOGNO DELLA PSICOLOGIA OSCURA

Le manipolazioni possono includere sia aspetti positivi che negativi e nel caso in cui si provino cattive emozioni e non si sappia come cambiare in meglio la situazione, forse, si è diventati vittime di manipolazioni. Se vi sentite persuasi o il vostro partner vuole andare contro la vostra volontà o è ansioso di "usarvi", questo è il momento di verificare le sue tecniche. Inoltre, se dopo questa situazione avete accettato di fare qualcosa a cui non avete mirato prima, significa che la manipolazione ha avuto successo.

Qui verranno descritte una grande varietà di manipolazioni e, a prima vista, potrebbero non sembrare affatto pericolose. Tuttavia, la manipolazione stessa è definita come il trucco psicologico nascosto e può essere talmente sottile che non ce ne accorgiamo nemmeno.

E' facile influenzare una persona solo menzionando delle frasi; per esempio, se un individuo afferma che è in grado di raccontare qualcosa di spiacevole su un partner di una determinata persona, inevitabilmente, anche se non sono stati forniti fatti, questa stessa persona rifletterà a lungo sulla situazione pensando a ciò che il suo partner potrebbe nascondere. Questi momenti lasciano tracce nel subconscio e in seguito avranno un impatto sulle relazioni future; per influenzare una persona è necessario conoscere alcune regole sul funzionamento della nostra mente perchè il subconscio comprende il linguaggio delle immagini. Purtroppo non presta attenzione all'essenza delle parole, dei numeri o dei fatti reali e quindi, una volta che si vuole far discutere due persone, è sufficiente disegnare una sorta di immagine; per esempio, si può dire di aver visto qualcosa di terribile ma di non avere il diritto morale di rivelare il segreto.

C'è un altro trucco psicologico che viene usato per provocare disgusto verso una persona ma è necessario raccontare una storia su di essa usando un vocabolario altrettanto disgustoso. Per esempio, una donna che ha notato il marito comunicare con la sua ex, può dire la seguente frase: "Sai, tesoro mio, sono appena stata in negozio e lì ho scoperto un profumo terribile con un odore così brutto che assomigliava al profumo della tua ex". Tali immagini, non avendo nulla in comune con la verità, giacciono nel nostro subconscio e quando incontriamo un'altra persona dopo queste conversazioni, la prima cosa che ricordi è un'associazione così terribile.

Un altro trucco che utilizza le emozioni positive può influenzare il vostro partner facendogli ricordare qualcosa che gli è caro, per esempio le vacanze dell'anno passato e dopo aver ipnotizzato la persona in questo modo, farà tutto ciò di cui avete bisogno; le donne e gli uomini lo usano molto spesso mentre cercano di iniziare una relazione ma c'è qualche trucco. Un uomo che ha invitato una donna ad un appuntamento le chiede di raccontare del suo primo amore e quando lei accenna ai momenti più passionali, lui le prende la mano e la abbraccia ed è così che diventa parte integrante dell'esperienza che, in effetti, non ha nulla a che fare con lui. Una donna trasferisce su di lui le sue grandi emozioni e in seguito pensa di aver conquistato un secondo amore.

Inoltre una persona può essere influenzata nel caso in cui le informazioni su di essa siano state dette ad un altro individuo. Per esempio, un marito non può prestare attenzione alle parole della moglie sulla necessità di iniziare i lavori nell'appartamento ma quando lei lo accenna ad un amico che il marito non le presta attenzioni, si ricorderà per sempre di questa frase. Questo metodo è usato nella comunicazione del capo con i dipendenti; se il capo loda in privato i risultati ottenuti da qualche lavoratore è altamente improbabile che abbia un effetto tale da menzionarlo di fronte ad altri dipendenti.

Un altro metodo di manipolazione è quello di causare il senso di confusione; nella programmazione neuro-linguistica tale approccio è chiamato "lo schema vacillato" e significa che nel mezzo della conversazione una persona viene disturbata con qualche frase o domanda inaspettata; ad esempio, durante le trattative, si può chiedere all'altra persona: "Ti piacciono i dolci al cioccolato?

Certamente sarà confuso e si può facilmente segnalare qualsiasi informazione e un tale trucco manipolativo potrebbe essere usato non solo con cattivi scopi. C'è una storia, raccontata da uno psicologo, in cui il metodo del "modello vacillato" ha salvato la vita a qualcuno. La situazione si è verificata quando una volta ha visto una donna anziana che correva verso la finestra aperta e sembrava che fosse davvero disposta a saltare dal decimo piano e porre fine alla sua vita in un modo così vergognoso. Così, lo psicologo l'ha afferrata velocemente e per fermare l'isteria ha usato una frase che l'ha davvero sorpresa e confusa. Disse: "Oh, mia cara, il tuo mascara è un po' colato! La donna era così scioccata che si è dimenticata delle sue intenzioni e ha finito per abbracciare lo psicologo e piangere a dirotto; grazie a questa manipolazione, una vita innocente è stata salvata.

Ora consideriamo il seguente punto: una volta che l'interazione di due persone provoca una manipolazione, può avere anche un aspetto positivo. Per esempio, una moglie può far interessare il marito ad un percorso sull'autosviluppo mostrando il proprio esempio. Sembra eccitata e stupita di cambiare sia dentro che fuori e lei, sicuramente, ne può trarre beneficio; è molto probabile che un giorno, anche il marito, le potrebbe chiedere: "Perché non ci andiamo insieme?".

L'influenza era nascosta, quindi un tale trucco potrebbe anche essere considerato una manipolazione. Oppure, per esempio, una donna è ansiosa di fare una vacanza e si mette a disegnare tutti i momenti piacevoli che li attendono. In questo modo crea un'immagine così piacevole della vacanza da far venire a tutti la voglia di andare in vacanza.

Questo tipo di manipolazioni sono anche legate alle emozioni. Per esempio, voi avete appena iniziato a correre la mattina e, allo stesso tempo, proponete ai vostri familiari di condurre uno stile di vita sano mettendo in mostra le vostre conquiste. Il vostro partner e i vostri figli vorranno sicuramente condividere la vostra esperienza, anche se prima di tutto detestavano il pensiero di svegliarsi presto per andare a correre.

Qualsiasi manipolazione è di solito concentrata su tre motivatori umani di base, in particolare l'istinto, il sistema di persuasione e l'esperienza di vita. Gli istinti definiscono il comportamento delle persone, mentre gli altri portano alla soddisfazione di questi bisogni.

Gli aspetti positivi delle manipolazioni includono i seguenti punti:

1. *Processo di guadagno:* se vendete qualcosa, siete disposti ad ottenere più soldi per una determinata vendita. L'uso delle manipolazioni dà un buon risultato e tutti voi sapete quale sia il potere della pubblicità ed è davvero difficile vendere il

vostro prodotto o servizio senza usare strategie promozionali e di marketing; inoltre, se si arriva alle trattative di qualsiasi livello, il successo non arriverà senza manipolazioni. Nel caso in cui una persona sia in grado di influenzare gli altri o di persuaderli, può affascinare o minacciare ciò che inevitabilmente porterà a grandi guadagni.

2. *Relazioni:* Le manipolazioni qui sono necessarie per migliorare la comprensione reciproca tra due persone. Naturalmente vogliamo relazioni oneste, aperte, rispettose ed eque con gli altri ma, tuttavia, il nostro egoismo alcune volte non ci permette di costruirle. Le persone parlano di amore, rispetto, compassione e attenzione ma in realtà molto spesso si manipolano a vicenda. Per esempio, una donna capisce di non avere altri modi per difendere il suo punto di vista nei rapporti con il coniuge; certo, può anche separarsi da lui, ma cosa garantisce che un altro uomo sarà migliore? La vita non è perfetta, quindi è necessario acquisire le capacità di manipolazione per costruire, controllare, gestire e sviluppare le relazioni con le altre persone.

3. *Lotta con l'aggressività*: alcune persone si comportano in modo piuttosto aggressivo e questo può minacciare i nostri interessi, la salute e persino la vita. L'aggressività provoca conflitti in cui si devono affrontare situazioni problematiche e un'arma efficace è proprio la manipolazione perchè un buon manipolatore è in grado di vincere qualsiasi conflitto. In questa fase, la manipolazione aiuta ad evitare la crudeltà, la

violenza, il dolore, la sofferenza, gli errori e le conseguenze negative.

Le tre ragioni citate sono le più tipiche della nostra vita perchè illustrano chiaramente quando la manipolazione diventa uno strumento utile.

Ci sono molte altre situazioni in cui la manipolazione è vitale; per esempio, è inevitabile durante l'educazione dei figli, nella lotta politica, durante la guerra e per comunicare con le persone di successo.

Studiamo il seguente esempio di manipolazioni che è sembrato molto utile. Un medico ha raccontato la storia di un paziente astuto e intelligente che ha sofferto a causa di un'ipertensione polmonare primaria e che è stato ricoverato in ospedale per diversi mesi. Nella fase di scompenso respiratorio era in grado di manipolare tutti i medici e gli infermieri promettendo di fare qualche favore ed è così che è riuscito ad ottenere un servizio medico piuttosto buono. In particolare, l'infermiera era sempre vicino a lui facendo tutto quello che voleva ed inoltre, tre volte alla settimana, il professore dell'ospedale andava a visitarla; il medico di turno passava almeno due ore al giorno a parlare con lui, mentre un altro medico si occupava dei suoi problemi per l'80% del suo tempo.

Come è riuscito a farlo? Prima dello scompenso aveva un'attività agricola ed essendo un bravo psicologo, era in grado di manipolare i medici in maniera fluida semplicemente vedendo le loro debolezze.

In particolare, ad alcuni di loro ha proposto terreni a basso costo vicino alla città, ad altri ha promesso di dare soldi quando sarebbe stato in grado di arrivare in banca e a volte ricordava il giuramento di Ippocrate. Inoltre, elogiava le capacità dei giovani medici e prometteva di raccontare al professore tutto ciò che di buono avevano fatto per lui. Infine, ha affermato di aver parlato anche con il ministro della Sanità elogiando tutto il personale dell'ospedale. Inutile dire che tutte le promesse sono state infrante e la chiamata al Ministro è stata una bugia.

Le esche si combinano meglio con i metodi di attrazione psicologica e un buon atteggiamento verso qualcuno permette di gestire più facilmente un'altra persona.

Lo schema universale del manipolatore funziona in questo modo:

1. Prima di tutto, è necessario mostrare l'esca e in psicologia si chiama simbolicamente "mettere la carota";

2. Psicologicamente, è importante dimostrare di avere un terreno ed uno scopo comune con l'oggetto manipolato; entrambi vogliono così tanto questa 'carota' ma, tuttavia, solo tu puoi aiutarli in questo;

3. Poi, devi stimolare l'azione di mobilitazione;

4. Infine, è probabile che tu possa godere del premio che hai ottenuto dopo la manipolazione.

Per diventare attraente agli occhi della vittima, il manipolatore cerca di capire il sistema di valori, di fare i complimenti appropriati e di mostrare attenzione e cura. Tutti i grandi governatori dell'antichità, manipolavano i loro soldati a volte provocandoli ad andare anche incontro alla morte.

La tecnica dichiarata, sicuramente, non funziona solo nelle mura dell'ospedale, ma potrebbe riferirsi a manipolazioni globali. A proposito, tutte le guerre sono organizzate con l'aiuto dello stesso modello di comportamento e quindi, cosa potrebbe farti rischiare la vita?

- L'idea di supremazia (giustizia e sacralità di questa guerra), scoprire cose nuove o prospettiva di una ricchezza sorprendente che si può trovare in terre diverse.

- Il governatore cerca di andare incontro ai suoi soldati; forse, ricorderete la storia di Napoleone quando vide il cane da guardia addormentato. Invece della punizione prese il suo fucile e rimase lì tutta la notte a proteggere i suoi soldati ispirando la massa con tale azione.

- La gente ha bisogno di essere stimolata alle azioni ed ecco perché i discorsi appassionati e le proposte di morire per un futuro più luminoso potrebbero sembrare allettanti.

- Può sembrare a prima vista che tali schemi non prevedano la presenza di premi ma non è così: fama dopo la morte, terre pacifiche per i bambini, nemici morti attirano ricompense, date come promessa ai soldati della guerra.

Molto spesso gli psicologi raccomandano di utilizzare l'analisi delle transazioni durante le manipolazioni. Avendo capito da quale posizione agisce una persona, è probabile che si riesca a prevedere il suo comportamento e gestire la situazione. Ad esempio, la paziente citata ha utilizzato un modello comportamentale di Child ed è stato piuttosto problematico farle fare qualcosa come ad esempio assumersi la responsabilità del risultato della terapia o seguire la guida dei medici.

Quali manipolazioni potrebbero essere considerate più redditizie nell'ambito dell'analisi delle transazioni?

Prima di tutto, questa è una manipolazione: "Si può fare?"...questa frase sfrutta il desiderio del partner di sembrare indeciso, vigliacco o non professionale. Per esempio, uno studente se dice ad un genitore: "Personalmente non puoi fare questo compito!" automaticamente il padre, che non vuole sembrare stupido, inizia a fare i compiti al posto del figlio. Piuttosto spesso può essere visto questo comportamento negli ospedali dove i pazienti chiedono ai medici se sono in grado di studiare tutti i numerosi documenti. Allo stesso tempo, sono riportati anche molti indicatori inutili e il medico deve studiarli. Possono anche affermare: "Un mese fa mi ha visitato un altro medico e lui mi ha detto che ho un cuore sano ma allora tutti i miei dolori da cosa sono causati? Personalmente so che si tratta di un vero e proprio attacco di cuore". Un gioco del genere nasconde questa frase: "Riesci a trovare la mia malattia?" Se il medico vuole sembrare professionale, inizierà a perdere tempo sul caso che è piuttosto singolare e dovrebbe essere trattato in modo diverso. È così che funzionano le manipolazioni.

Un'altra tecnica si chiama: "Questo compito non può essere risolto!".

Molto spesso, quando le persone capiscono che il loro obiettivo non può essere raggiunto, si inventano delle scuse. In particolare, si convincono che è impossibile smettere di fumare, ridurre i cibi dolci e grassi o preoccuparsi della propria salute cercando di trovare sempre più ragioni per convincersi che il loro scopo non è raggiungibile ma la realtà è che questo comportamento viene definito come un fallimento.

Un altro tipo di manipolazione è legato all'esperienza immaginaria.

Una persona è in grado di raggiungere i suoi obiettivi fingendo di essere diversa e forse non ha abbastanza esperienza commerciale o sociale, ma dicendo: "Ho visto tutto" crea un'immagine del genere.

Un modo in più per estendere questa tecnica potrebbe essere la seguente: "Conosco questa situazione più di chiunque altro perché ho studiato letteratura e ho vissuto molte situazioni simili, quindi per me non è una cosa nuova". Secondo le statistiche, nella maggior parte dei casi, le persone cominciano a credere che tali soggetti siano davvero esperti in alcuni settori e tendono a chiedere loro delle raccomandazioni; così facendo, il manipolatore cresce fino a diventare un'autorità.

La manipolazione successiva che è connessa con l'aggressione passiva è conosciuta come: "Mi hai appena offeso!".

È probabile che una persona del genere continui a dire qualcosa di stupido o a chiedere di fargli un favore finché non si è fuori dal controllo emotivo; quando finalmente gli risponderai in modo brusco, ti accuserà di essere stato scortese con lui.

Ebbene, cosa fare se avete incontrato una persona che cerca di manipolarvi come in una di queste situazioni appena descritte? Non c'è niente di meglio che usare la ragione opposta e un altro trucco manipolativo.

CAPITOLO 5:

PSICOLOGIA OSCURA E GIOCHI MENTALI

Il prossimo argomento da approfondire è noto come giochi mentali; molti pensano di capirli e riconoscerli nella vita quotidiana ed è probabilmente vero che qualcuno è riuscito anche ad usarli su di te.

Tuttavia, un vero manipolatore è in grado di usare questi giochi mentali in un modo che può creare simpatia senza che la vittima non si renda mai conto di ciò che sta succedendo.

È comune attribuire molti comportamenti normali ai giochi mentali e se qualcuno sta insinuando di avere una sorpresa per voi o vi sta prendendo in giro, potete pensare che questa persona sta usando i giochi mentali.

Nel mondo della psicologia oscura, questo è leggermente diverso perchè le intenzioni della persona che usa giochi mentali davvero oscuri non sono mai amichevoli, positive o buone e, pertanto, questi giochi innocenti, come le sorprese e le prese in giro, non rientrano fin dall'inizio in questa categoria.

Se i giochi innocenti che di solito associamo ai giochi mentali non rientrano in questa categoria, allora da cosa è costituito in realtà un gioco mentale? Sono qualsiasi tipo di schema psicologico per conto di un manipolatore nei confronti della vittima e sono destinati a giocare con la forza di volontà o la salute mentale della vittima.

Questo è diverso dalle altre forme di manipolazione di cui abbiamo parlato fino ad ora perché il manipolatore sta giocando con la sua vittima. Probabilmente non sono così coinvolti nel modo in cui questa forma di manipolazione si svolge rispetto agli altri metodi e non si preoccupano della gravità della situazione.

Un gioco di mente oscura è spesso rappresentato da un manipolatore che gioca solo per puro piacere o per divertimento non avendo alcuna considerazione per il benessere della vittima e, a seconda del tipo di gioco mentale, l'intenzione è spesso quella di mettere alla prova la vittima esplorando la sua psiche.

In questo caso, i migliori giochi mentali, si faranno senza rivelare la vera natura del manipolatore rendendo davvero difficile individuare il gioco mentale ed è molto distruttivo una volta che il manipolatore decide di utilizzarlo.

Qual è la motivazione dietro questi giochi mentali oscuri?

La motivazione può fare la differenza se viene vista come qualcosa di positivo o se fa parte della psicologia oscura; la gamma di motivazioni che accompagnano questi giochi mentali manipolativi sarà determinata in base a ciò che il manipolatore vuole fare sulla sua vittima.

Uno dei motivi per cui un manipolatore può scegliere di fare giochi mentali è quello di manipolare la vittima prescelta assumendo un comportamento specifico o

per far sì che la vittima si senta o pensi in un certo modo. Il manipolatore, in questo caso, può pensare che le altre forme di manipolazione non siano così efficaci e può cercare di usare qualcosa di meno ovvio per il suo bersaglio, come un gioco mentale; inoltre il manipolatore può influenzare la vittima solo per mero divertimento e non perché stia davvero cercando di ottenere qualcosa dalla manipolazione.

I vari tipi di influenze che si possono ottenere, giocando a questi tipi di giochi mentali, saranno esplorati qui tra un po' ma, fondamentalmente, questi giochi mentali sono utili ad un manipolatore perché riducono la quantità di certezza che ha la vittima e la forza psicologica che il manipolatore guadagna sono molto sottili e difficili da vedere; molte volte, questi giochi mentali saranno utilizzati per ottenere un'influenza, mantenendo l'illusione dell'autonomia con la vittima.

Influenzare una vittima non è l'unica motivazione dietro l'uso dei giochi mentali perché molti manipolatori sceglieranno di ricorrere a questi giochi mentali solo per divertirsi. Provano piacere a tracciare i modi per influire sulla psicologia della vittima e si divertono anche a vederla soccombere alle loro intenzioni ma questo è simile a quello che può fare anche un sociopatico.

Il manipolatore non vedrà la sua vittima come qualcuno che ha sentimenti e pensieri ma, al contrario, la considererà come un sistema che il manipolatore può conoscere e utilizzare come semplice divertimento.

A volte, i giochi mentali oscuri vengono applicati perché sono un comportamento appreso piuttosto che un intento cosciente da parte del manipolatore. Ciò accade quando il manipolatore è stato esposto a questi giochi mentali nel corso della sua vita e non sa come comportarsi in nessun altro modo; questo può sembrare innocente ma può essere altrettanto pericoloso perché hanno imparato ad agire in questo modo sviluppando ancora più metodi per ingannare le loro vittime.

Alcuni metodi usati nei giochi mentali

Ora che sapete un po' di più sulle differenze tra i normali giochi mentali e i giochi mentali oscuri è il momento di esplorare i diversi tipi di giochi mentali che un manipolatore può utilizzare.

Questi giochi possono avere delle varianti innocenti ma a volte queste varianti possono essere anche oscure.

I diversi tipi di giochi mentali che un manipolatore può cercare di utilizzare per ottenere ciò che vuole dalla sua vittima sono:

Ultimatum

Un ultimatum è una richiesta, senza obiezioni, fatta da una persona verso un altro individuo e spesso assume forme del tipo: "Fai ciò che ti dico oppure accadrà questo".

Alcuni esempi di come questo può accadere includono:

- "Perdi peso o vedrò altre persone."

- "Smettila di fumare o ti lascio."

Gli ultimatum lasciano praticamente la vittima senza la possibilità di alcuna scelta e, con l'esempio di cui sopra, un individuo dovrà perdere peso o non starà più con la persona che ama; oppure deve smettere di fumare altrimenti l'altra persona la lascerà.

Se la vittima afferma che questi ultimatum non le lasciano altra scelta, il manipolatore può sempre tornare indietro e dichiarare che la vittima ha avuto una scelta, anche se il manipolatore sa che non è vero.

Ci sono tre fattori che determineranno se l'ultimatum è considerato una psicologia oscura ovvero il tipo di persona che dà l'ultimatum, l'intenzione dell'altra persona quando dà l'ultimatum e la natura della richiesta o dell'ultimatum stesso.

Per prima cosa, guardiamo alla persona che dà l'ultimatum; se l'ultimatum è legittimo, allora la persona che lo dà può avere un interesse valido e genuino per l'individuo che vuole aiutare e potrebbe dire qualcosa del tipo: "Perdi peso o ti ritroverai con un sacco di problemi di salute in futuro".

La motivazione che viene con un ultimatum è un altro elemento importante perché, chi lo dichiara con buone intenzioni, lo fa solamente con lo scopo di contribuire a migliorare la vita dell'altra persona facendogli prendere la giusta decisione in modo da cambiare in modo positivo la vita.

Giudicare l'intenzione di questi ultimatum può essere difficile ed è per questo che a volte è così complicato capire se l'ultimatum sia oscuro o meno anche se, con gli ultimatum oscuri, la richiesta spesso va contro ciò che è nel migliore interesse personale della vittima.

L'eterna rottura

Uno dei requisiti fondamentali per una relazione romantica è che entrambe le parti hanno bisogno di un senso di soddisfazione e sicurezza.

Le persone che vivono una storia d'amore felice o un matrimonio sereno, si sentiranno a proprio agio e non avranno la preoccupazione che la relazione deve finire in qualsiasi momento; i maestri della manipolazione comprendono questi principi e faranno tutto ciò che è in loro potere per invertire questo pensiero.

Coltivando nella relazione un senso di negatività, caos e instabilità, il manipolatore è in grado di mantenere la vittima impotente per lungo tempo così come l'eterna rottura rappresenta l'uso prolungato e persistente di minacciare di lasciare qualcuno; questa potrebbe essere una promessa, un qualcosa di implicito o una rottura effettiva che non viene mai mantenuta.

Con una rottura implicita, non comporterà in realtà l'accenno esplicito alla rottura ma, al contrario, il manipolatore accennerà alla rottura per mettere un po' di dubbio nella mente della vittima.

Il manipolatore potrebbe casualmente menzionare piani futuri, che non coinvolgono affatto la vittima e può anche decidere di accennare ad una rottura attiva dicendo qualcosa come "Beh, non lo sopporterò a lungo" o un altro velato accenno.

Qualsiasi tipo di frase o azione che possa far dubitare la vittima della durata della relazione, può essere considerata come una rottura implicita.

C'è anche una promessa di rottura e questo accade quando il manipolatore esprime chiaramente una minaccia per la vittima dichiarando che intende rompere con la vittima in futuro; il manipolatore può ricorrere a frasi del tipo "Ti lascerò presto e poi non dovrò più avere a che fare con questo".

Ogni volta, il manipolatore, tira fuori l'idea di un divorzio, di una separazione o di una rottura ma in realtà non compie questo passo ma è un buon esempio della rottura promessa.

Poi c'è la rottura vera e propria che non si verifica mai...si tratta dell'opzione più grave con l'eterno gioco della rottura mentale ed è questo il punto in cui il manipolatore sta per lasciare la sua vittima.

Può decidere di fare le valigie e andarsene, riconoscere che la vittima è triste o a disagio ma poi non andare fino in fondo e, una volta che la vittima ha mostrato abbastanza tristezza, la "riaccoglieranno".

La ragione per cui queste tattiche funzionano è che la vittima è stata spesso usata e manipolata dall'altro partner per un certo periodo di tempo.

Spesso sono vulnerabili e suscettibili all'influenza e al potere del manipolatore e questo li rende più desiderosi di preservare il rapporto anche se si sta utilizzando un oscuro gioco psicologico che è divertente per il manipolatore ma duro per la vittima. Se questo tipo di gioco mentale va avanti per molto tempo, può portare la vittima a sviluppare problemi di fiducia.

Difficile da ottenere

Questo può anche essere considerato un comportamento normale e sano ma può anche far parte della psicologia oscura. Un esempio di normale gioco mentale, difficile da ottenere, sarebbe il seguente: una persona vuole avere un atteggiamento di sfida per qualcuno a cui è interessata e deciderà di non essere sempre disponibile; ciò può comportare che non accetti ogni appuntamento, che si prenda il tempo di rispondere alle chiamate e ai messaggi e che si comporti in modo diverso con il solo scopo di assicurarsi che l'altra persona rimanga interessata.

Ma utilizzando la psicologia oscura si rende tutto più pericoloso, infatti, coloro che la utilizzano come forma di manipolazione, cercheranno in tutti i modi di ottenere risultati in momenti diversi fin dall'inizio del rapporto.

La loro intenzione non porterà ad una situazione positiva e non si preoccupano affatto del benessere dell'altra persona.

Ci sono diversi modi in cui il manipolatore può scegliere di uscire dalla relazione; può decidere di diventare non disponibile o inaffidabile dopo che i due partner si sono accordati ad avere una relazione stabile ma questa è un'inversione di ciò che si vede nella maggior parte delle relazioni normali.

Quando si incontra qualcuno e si decide di avere una relazione, questo di solito significa che entrambi si stanno muovendo nella giusta direzione e che si diventa sempre più affidabili e disponibili; se ciò non accade allora il manipolatore oscuro sta usando il gioco mentale contro una delle loro vittime durante una relazione.

In una normale relazione, all'inizio i comportamenti sono sfuggenti ma poi col tempo diventano più stabili però un manipolatore è in grado di rendere artificialmente solida la relazione all'inizio.

Questo aiuta a forzare un senso di connessione con le loro vittime ma poi, col tempo, diventano sempre meno disponibili e ciò si verificherà nel momento in cui questa persona nutre già qualche sentimento nei confronti del manipolatore; quando quest'ultimo deciderà di essere sfuggente, la vittima adotterà un atteggiamento difensivo ma, allo stesso tempo, cercherà il riavvicinamento con il manipolatore che sembra allontanarsi da lei.

Il punto è che tutto questo lavoro da parte della vittima gratificherà l'ego del manipolatore e potrà rimettere il potere nelle sue mani.

I manipolatori professionisti sono in grado di bilanciare le azioni di allontanamento con quelle che trasmettono una certa affidabilità o vicinanza e, quando ci riescono, questo porterà ad una profonda confusione psicologica e persino a una certa instabilità nella mente della vittima permettendo al manipolatore di sfruttare la situazione come vuole, senza che la vittima se ne accorga.

Esistono molti giochi mentali diversi che i manipolatori sono in grado di fare contro la loro vittima; variano dal tipo di relazione che hanno con la stessa vittima e dei risultati finali che cercano di ottenere; infine i manipolatori possono utilizzare una combinazione di queste tecniche per costringere la vittima ad agire nel modo desiderato ma spesso non si rendono conto dei danni che provocano.

CAPITOLO 6:

LA TRIADE OSCURA

Cos'è la Triade Oscura?

La Triade oscura è un termine psicologico comunemente usato per indicare tre termini ovvero narcisismo, machiavellismo e psicopatia ma, nella psicologia oscura, le azioni innescate da questi tratti possono avere risultati sia positivi che negativi.

Questi tratti, pur essendo distinti in modo caratteristico, tendono a sovrapporsi negli individui che li possiedono e spesso vengono indicati insieme. Uno psicopatico, per esempio, può possedere tratti narcisistici o qualcuno che si impegna in azioni machiavelliche può anche essere un narcisista.

Pensate alla triade oscura come a un diagramma di Venn in tre parti sovrapposte; un individuo può trovarsi in una sezione, due sezioni o anche in tutte le sezioni; più la triade oscura viene posseduta da un individuo e più è pericolosa e difficile da individuare. Le personalità che rientrano nella triade oscura potrebbero essere più propensi a commettere crimini, a causare una deliberata disorganizzazione della società e disordini politici. Allo stesso tempo, i narcisisti, gli psicopatici e i machiavellici sono anche più carismatici, il che rende anche molto più probabile che siano in prima linea nei circoli criminali, nelle gerarchie sociali o nelle organizzazioni politiche.

Narcisisti

Il narcisismo è considerato da molti medici e professionisti come un disturbo della personalità o una malattia mentale.

Alcune qualità dei narcisisti sono le seguenti: un grande senso di autostima, un senso di diritto o di meritare cose che non meritano, esaltare i loro risultati, riconoscimenti e successi, deliri di grandezza, intelligenza e attrattiva, attacchi di arroganza e pretese che non riconosceranno in seguito.

I narcisisti non accettano le critiche e quando si trovano di fronte a qualsiasi opinione negativa altrui, possono reagire con rabbia sfrenata, depressione, ansia e disprezzo.

Secondo la Mayo Clinic, i maschi hanno più probabilità di mostrare tratti narcisisti rispetto alle femmine (anche se ciò non significa che le donne non possano essere narcisiste, tutt'altro); spesso i primi segni di narcisismo iniziano nell'adolescenza, anche se a volte un individuo ha un esordio tardivo all'inizio dell'adolescenza.

Le cause che portano al narcisismo di un individuo sono ancora sconosciute alla scienza: sia la genetica che la neurobiologia non ci hanno ancora fornito una risposta.

Solamente la psicologia e in particolare la psicologia oscura, ha imparato a riconoscere e gestire il narcisismo.

Comportamento narcisistico e gaslighting

Ricordate il concetto di gaslighting discusso in precedenza? Questo è lo strumento preferito dai narcisisti perché fornisce loro un'illusione di potere e fa in modo che la situazione si risolva da sola; per esempio, i narcisisti hanno un senso molto forte di diritto, grandiosità e intelligenza. Nella loro mente, questo li pone spesso più in alto rispetto ai loro amici, familiari e colleghi di lavoro.

E' molto probabile litigare in modo significativo con una persona narcisista perché sei tu che devi andare incontro ai loro bisogni e mai il contrario ed è qui che inizia il "gaslighting".

Al narcisista non interessa se hai un impegno importante e ciò che conta è solamente il soddisfacimento dei suoi bisogni ma lui non ammetterà mai questo senso di predominanza anzi ti farà credere che sei stato tu a causare il problema.

Ma indovina un po'? Il problema non sei tu.

Il narcisismo e il gaslighting servono solo a farti dubitare di te stesso e, alla fine, è tutta una questione di controllo mentale.

Psicopatici

In termini più semplici, la psicopatia è caratterizzata da una completa mancanza di empatia unita a comportamenti antisociali.

Nella società e nella psicologia tradizionale, la psicopatia è considerata un disturbo della personalità ed è persino elencata nel Manuale Diagnostico e Statistico dei Disturbi Mentali, insieme ad un'altra serie di condizioni mentali che vanno dall'ansia e dalla depressione alla schizofrenia.

Gli psicopatici sono i più facili da individuare tra la folla perché vengono descritti come i più antisociali della triade oscura e sono, il più delle volte, incapaci di provare simpatia, empatia, tristezza, dolore o perdita.

Una distinzione importante da fare subito quando si parla di psicopatia è che non è la stessa cosa della sociopatia, una parola più informale che fa riferimento a persone semplicemente antisociali. I sociopatici hanno anche un momento molto difficile di connessione con le emozioni reali, come l'amore o la tristezza ma questo termine non ha una sua voce nel Manuale Diagnostico e Statistico dei Disturbi Mentali

(DSM) perchè è semplicemente considerato un sinonimo del più diffuso "Disturbo Antisociale di Personalità".

Da quando Hervey M. Cleckley, uno psichiatra americano, ha iniziato la ricerca di individui antisociali, di comportamenti e i tratti comuni che condividevano, la definizione di "psicopatico" si è evoluta.

Coniata per la prima volta all'inizio del XX secolo, era in realtà sinonimo di sociopatico ma da allora, con l'avanzare della cultura popolare e della ricerca scientifica, la psicopatia è diventata più complicata.

Inoltre bisogna fare un'altra importante distinzione tra psicosi e psicopatia; la psicosi è un vero e proprio disturbo mentale in cui chi ne soffre ha una grande difficoltà a distinguere la realtà dalla finzione o dalle allucinazioni.

La psicosi è spesso un effetto collaterale della schizofrenia, del disturbo bipolare, di alcuni farmaci da prescrizione e di allucinogeni; a differenza della psicopatia, la psicosi può essere trattata con un numero qualsiasi di misure psicologiche tradizionali, tra cui la terapia e i farmaci.

Gli psicopatici sono un po' più speciali perché non possono essere "curati" infatti, mentre chi soffre di psicosi spesso si sente disorientato dopo un episodio psicotico, gli psicopatici più abbracciano le loro "diverse" qualità e più diventano sicuri di se stessi.

Ci sono due diversi tipi di psicopatici: il primo è lo psicopatico criminale che non mostra alcun rispetto per un codice morale o legale e usa l'aggressione e la manipolazione come strumenti per ottenere ciò che vuole.

Gli altri sono psicopatici sociali e sono individui che si attengono alla legge del territorio perché sanno di avere più potere all'esterno delle sbarre della cella che al suo interno.

Gli psicopatici sociali sono spesso uomini e donne d'affari di grande successo e sono in grado di interagire all'interno delle regole della società ma non si fanno scrupoli ad abbattere gli altri, a mentire o imbrogliare per arrivare al successo.

Inoltre gli psicopatici sono anche esperti nell'apparire "normali" perché, mentre un narcisista o un machiavellico ha più difficoltà a mantenere il controllo delle proprie emozioni, gli psicopatici non sentono nulla e la loro risposta allo stress la possono calcolare in modo preciso.

Ci sono state ricerche e studi su come gli psicopatici influenzano la società; in psicologia, i ricercatori solitamente si concentrano sul potere dell'inganno e su come gli psicopatici sono in grado di manipolare le vittime designate per far credere loro di avere sentimenti genuini di affetto, senso di colpa, tristezza e felicità.

Nel 1963 la ricercatrice di scienze sociali Stanley Milgram ha studiato il tratto della psicopatia e del sadismo e come questo sia collegato all'arte dell'inganno.

I ricercatori informarono le persone designate che stavano partecipando ad uno studio ma invece l'oggetto di ricerca erano i partecipanti stessi.

A volte seguire gli ordini ha portato a far soffrire gli altri e a provare dolore ma questo è esattamente ciò che i ricercatori volevano sapere ovvero fino a che punto i partecipanti potevano spingersi.

E' stato detto loro di "sccioccare" qualcuno premendo un pulsante in modo da provocargli dolore e potevano anche vedere attraverso uno specchio dove si trovava l'individuo che riceveva lo shock; la persona dall'altro lato agiva ma i partecipanti non lo sapevano e, lentamente, il ricercatore diceva al partecipante di alzare la tensione.

Molti partecipanti obbedivano agli ordini infliggendo una quantità di tensione più alta di quella che di solito un essere umano può sopportare ma finché l'ordine veniva da qualcuno al comando, essi lo eseguivano.

I risultati di questo studio sono stati due: il primo è che gli esseri umani sono generalmente disposti a infliggere dolore agli altri se è nel loro interesse razionale (in questo caso, l'approvazione del ricercatore supervisore). Il secondo è che gli individui vulnerabili sono in grado di obbedire ai comandi e possono anche essere addestrati a non provare empatia o simpatia per qualcuno che prova dolore se controllati da un potere superiore.

Questo dimostra ulteriormente che gli psicopatici e i sadici possono essere creati quindi non necessariamente devono essere nati con determinate caratteristiche.

Questo diventa molto utile per le sette che hanno bisogno di arruolare il maggior numero possibile di individui con caratteristiche oscure della triade per mantenere il loro numero, sopravvivere e, in generale, sostenere il leader della setta che ha il controllo finale.

Altri aspetti delle personalità psicopatiche includono la mancanza di controllo sulle pulsioni e la costrizione.

Uno psicopatico agisce di impulso ma gli individui normali hanno interruttori e ingranaggi all'interno della coscienza che gli permettono di seguire o meno un impulso; questo impedisce di commettere errori, di offendere gli altri, di infrangere regole e leggi.

Gli psicopatici non hanno un meccanismo interno come questo e, una volta che un impulso si presenta nella loro mente, generalmente lo seguono.

Se uno psicopatico ha l'impulso di rubare qualcosa in un negozio, lo farà senza pensarci due volte e se sente il bisogno di dire a qualcuno la verità sul suo aspetto, lo farà senza pensare ai sentimenti di quella persona. Alcuni, ma non tutti, ricevono impulsi incredibilmente violenti che sconvolgerebbero la maggior parte della società ma se sentono il bisogno di uccidere, lo faranno e se sono costretti a violentare qualcuno, si dedicheranno allo stupro.

Gli psicopatici sono come i militari perchè eseguono gli ordini e non ci pensano due volte; in battaglia, quando ad un soldato viene ordinato di "premere il pulsante" o di uccidere un nemico, un gruppo di commando militari trarrà vantaggio dall'avere nella propria squadra la persona che non ci pensa due volte.

Nei culti religiosi, gli psicopatici sono altrettanto utili. Anche se forse non così violente, le sette religiose guadagnano potere attraverso l'atto della conversione.

Dalla chiesa cattolica alla Chiesa dei Santi degli Ultimi Giorni, i leader religiosi cercano sempre di portare più seguaci dalla loro parte.

Gli psicopatici possono essere particolarmente utili in questo caso: poiché gli psicopatici imparano anche altri poteri della psicologia oscura, possono manipolare, ipnotizzare e fare il lavaggio del cervello ai nuovi seguaci per farli aderire.

Machiavelliani

Il più difficile da pronunciare della triade oscura, Machiavelliani o il concetto di "machiavellismo" deriva dalla filosofia politica descritta nell'opuscolo politico-filosofico del XVI secolo, "Il Principe" di Niccolò Machiavelli.

Il tema è essenzialmente che gli obiettivi dei governanti (in questo caso, "principi") come la fama, l'espansione del loro impero e la sopravvivenza, possono essere giustificati con metodi immorali come la crudeltà, la manipolazione e la schiavitù.

Anche se fa parte del canone letterario occidentale, "Il Principe" di Machiavelli è anche il motivo per cui oggi abbiamo connotazioni negative per parole come "politica" e "politico".

Ma cosa significa questo per la psicologia oscura? Coloro che possiedono tratti machiavellici tendono ad essere cinici, razionali (nel senso che sono calcolati nel modo in cui le loro azioni possono andare a beneficio del loro interesse personale) e credono che manipolare gli altri per ottenere ciò che vogliono sarà giustificato.

I machiavellici non sono stati identificati in Psicologia fino agli anni Settanta quando Richard Christ e Florence L. Geis hanno sviluppato una scala per misurare il livello dei tratti machiavellici di una persona.

Questa valutazione viene utilizzata ancora oggi ed è chiamata "il test Mach-IV"; alcuni indicatori di questo test includono l'alto livello di machiavellica preoccupazione per come sono percepiti pubblicamente (come i narcisisti), la mancanza di empatia, l'uso di lusinghe e altre misure di sfruttamento, atteggiamenti casuali verso il sesso, valori personali custoditi, emozioni e intenzioni nascoste e l'evitare l'impegno.

Il test sviluppato da Geis e Christ arriva fino a 100, con 60 come soglia per una personalità machiavellica. Chiunque al di sotto di questo valore è considerato "normale". Quelli che ottengono punteggi più alti, tendono ad essere concentrati per andare avanti mentre quelli con punteggi bassi tendono a mostrare più empatia, ad essere più onesti, a fidarsi più apertamente e ad avere una serie di principi morali.

Ora che avete un livello base di comprensione, per ciò che concerne la manipolazione e la persuasione, è fondamentale che cominciate a capire i metodi intermedi che alcune persone potrebbero usare su di voi per farvi cadere nei loro più grandi inganni così siete in grado di vedere realmente i metodi più radicati che altri manipolatori potrebbero usare per tenervi sotto il loro controllo.

Più siete consapevoli e preparati a questi oscuri passi della psicologia e più facile sarà impedire a questo tipo di manipolazione di controllarvi e di prendere la vostra vita in qualsiasi direzione che non sia quella che volete.

Quando comincerete ad aprire la vostra mentalità e quella degli altri, sarà più facile cogliere piccoli spunti man mano che procedete; ricordate che dovrete fare pratica e, all'inizio, potreste pensare di poter fare facili supposizioni, di avere tutto sotto controllo e ci saranno sempre delle verità che scoprirete con il tempo.

Potreste aver capito che qualcuno vi stava manipolando, ma

guardate più in profondità...Perché lo stava facendo? Che effetto ha avuto su di te? Cosa puoi fare per recuperare?

Ci sono ancora alcuni passi per evitare di essere manipolato e li puoi usare per i tuoi scopi ma questo non è consigliato e non posso convincerti a non essere un manipolatore ma posso ricordarti che fare queste cose non ti darà mai quello che volete. All'inizio potrebbe sembrare ma state riempiendo un buco con tutte le cose sbagliate e, alla fine, avrete bisogno di più potere e di più controllo; sarete dipendenti dalla capacità di manipolare gli altri e le cose semplici non vi faranno più "divertire". Dovrete continuare a cercare sempre di più per trovare altri modi per ottenere potere sugli altri e questo alla fine vi farà solo più male.

Non dovresti mai approfittare di altre persone ma in alcuni contesti, come ad esempio ottenere qualcosa di insignificante o magari chiudere un affare, puoi usare queste tattiche; se vuoi chiedere dei soldi ai tuoi genitori dovrai utilizzare il metodo di preparazione alla persuasione mentre se state cercando di convincere gli altri a comprare l'assicurazione contro le inondazioni della loro azienda, dovrete usare il metodo della paura e del sollievo.

Finché non cercate maliziosamente di sottrarre agli altri qualcosa, potete essere certi che la vostra persuasione è positiva.

Vittimizzazione

Ci sono delle vere vittime nel mondo e anche se tutti noi possiamo fare delle scelte, quelli che sono violenti possono togliere questa possibilità alle loro vittime. Sostituiranno i pensieri delle loro vittime con pensieri propri, facendo sentire gli abusati in trappola e impotenti; essere una vittima non è affatto una cosa negativa e non tutti saranno in grado di evitare di cadere nella rete di menzogne e inganni che molti maltrattatori creano per intrappolare le loro vittime.

Poi ci sono quelli che faranno la parte della vittima allo scopo di ottenere simpatia da qualcuno; questo non accade così spesso ma è un metodo che alcuni useranno per ottenere le cose che vogliono.

E' anche un modo per attingere alla simpatia e alla compassione di coloro che sono vicini al manipolatore per farli cadere sotto il loro "incantesimo" rappresentando anche un metodo di distrazione; se dici a qualcuno che ti ha ferito, può dire: "Beh, tu mi hai ferito" e questa frase potrebbe far pensare che hanno fatto qualcosa di sbagliato, il che fa sì che l'attenzione si concentri su di voi !

Ma i manipolatori saranno in grado di capovolgere la situazione in modo che non siate più preoccupati per la questione che avete sollevato in un primo momento ma che vi concentriate solo su chi ha commesso l'abuso; è una tattica comune per evitare che il manipolatore si trovi a dover affrontare i veri problemi.

Questo metodo è particolarmente utile per quei manipolatori che vedranno il bene nelle altre persone e saranno in grado di prendersi cura degli altri usandolo a loro vantaggio.

Si può capire se qualcuno è effettivamente una vittima o se sta recitando la parte in base a come risponde alla compassione o alla cura che potrebbe essere diretta verso di lui.

Se è una vera vittima, sarà riconoscente e ricettiva nei confronti della cura e ciò verrà utilizzato come un modo per aiutare se stessi a sentirsi meglio e con un forte desiderio di lavorare sui loro problemi.

Coloro che usano la vittimizzazione si prenderanno cura di tutto ciò che possono, non vorranno cambiare e faranno del loro meglio per far sentire gli altri il più possibile in colpa per averli feriti ma questo metodo non funzionerà a lungo termine perchè la gente alla fine si stanca di coloro che si mettono costantemente in mezzo al dramma.

Cominceranno a vedere facilmente attraverso il muro della vittimizzazione che si è creato e a capire la manipolazione intrinseca che è esistita.

Paura e sollievo

La paura e il sollievo sono il metodo per far sì che, qualcuno che incute panico, sia poi lo stesso a fornire anche la soluzione; è come spingere qualcuno giù da un precipizio e poi essere quello che tira fuori la mano salvandolo prima che sia troppo tardi.

In questo contesto, l'idea della manipolazione è di aiutare a dimostrare che sei una persona di conforto. La parte di voi che ha creato la paura in primo luogo è spesso trascurata e non sempre realizzata all'inizio e questo è comune nelle situazioni di abuso di relazioni a lungo termine; pensate a un genitore che terrorizza sempre il bambino sul mondo esterno. Avrebbe la possibilità di raccontare storie spaventose di tutto ciò che potrebbe accadere se il bambino dovesse mai uscire di casa.

Ma il genitore si comporterà comunque come il "salvatore", facendo in modo che il bambino gli stia sempre vicino e utilizzeranno anche le situazioni negative per convalidare il loro ragionamento.

Un bambino potrebbe sentirsi intrappolato dai genitori, decidendo un giorno di sgattaiolare fuori di notte finendo nei guai e quando questo viene rivelato al genitore che lo controlla, potrebbe dire una frase del tipo: "Vedi, te l'avevo detto che sarebbe successo qualcosa di brutto"!

Questa è una tattica spesso usata anche dagli inserzionisti; è meno dannoso in questo scenario e sarebbe il metodo che si potrebbe utilizzare se si vende qualcosa che aiuterebbe ad alleviare la paura di una persona.

Ad esempio, una società di idraulica potrebbe condividere un fatto spaventoso sui tubi congelati durante la stagione invernale, cercando di vendere più tubi di alta qualità e servizi di sostituzione; forse all'inizio non stavate pensando ai tubi congelati ma ora lo state facendo, quindi volete acquistare il loro servizio.

Se vi sentite come se qualcuno cercasse di manipolarvi con questo metodo, assicuratevi di essere prima consapevoli della minaccia che sta cercando di farvi credere. Stanno gonfiando il problema? È davvero qualcosa di cui bisogna aver paura? Siete nel bel mezzo di una manipolazione oppure siete effettivamente illuminati da questa nuova e spaventosa informazione?

Il fatto è che l'aggressore non si rivelerà per ciò che rappresenta ma vorrà mostrare compassione; non sarà malvagio e spaventoso in questa situazione perché cerca di mostrare agli abusati che la paura è una fonte esterna; vuole essere l'ultimo punto di conforto e quindi non mostrerà il suo lato aggressivo perché questo lo renderebbe troppo spaventoso per essere affidabile.

Se usato in modo gentile, questo metodo non sarà così dannoso e dovreste solo concentrarvi sul mostrare i modi in cui potete contribuire ad offrire soluzioni per la vera minaccia che già esiste; non usate la paura per fargli comprare qualcosa ma usate la consapevolezza per aiutarli a capire il motivo per il quale sarebbe vantaggioso per loro investire nel vostro prodotto.

A volte, in un contesto, ci sono buone e cattive notizie ed è importante che dichiariate prima la cattiva notizia e poi la buona notizia; questo può essere il vostro modo di usare il metodo della paura e del sollievo.

Pensate al metodo in cui un medico parlerebbe ai pazienti di certe condizioni di salute e lo inquadrerebbe in modo tale da indurre il paziente a fare ciò di cui ha bisogno per migliorare la propria salute.

Per esempio, diciamo che un paziente è a rischio di malattie cardiache perché non fa esercizio fisico e mangia in modo veramente malsano.

La cattiva notizia è che si tratta di un paziente ad alto rischio ma la buona notizia è che questo può essere invertito con una dieta sana e l'esercizio fisico; esistono alcuni metodi per fare in modo che il medico possa avere un'influenza positiva e ottenere effettivamente ciò che vuole da questo scenario.

Ecco i due metodi alternativi:

- "Purtroppo abbiamo scoperto che lei è ad alto rischio per l'insufficienza cardiaca e per altre condizioni cardiovascolari. Questo tipo di condizioni possono essere molto rischiose e, con la vostra età e il vostro stato di salute, non sarà così facile invertire la tendenza. È possibile ridurre seriamente il rischio ed evitare che si verifichino se si inizia a seguire una giusta dieta e fare esercizio fisico almeno tre volte a settimana".

- "Sembra che dovrai iniziare a mangiare più sano e a fare esercizio fisico; se non lo fai, le tue probabilità di avere un'insufficienza cardiaca sono più alte di quanto non lo siano già".

Il primo funzionerà meglio per il paziente e avrà probabilmente maggiori possibilità di essere influenzato nella giusta direzione; questo metodo mette in scena una paura e dipinge una situazione davvero grave che potrebbe spaventare il paziente. Tuttavia, la soluzione poi viene offerta e la paura del paziente si riduce, facendo in modo di continuare a fare qualsiasi cosa lo faccia sentire meglio.

Il secondo tipo di situazione li dipinge entrambi come "cattive notizie"; prospetta, prima di tutto, ciò che il paziente deve fare per poi seguire con altre cattive notizie.

Probabilmente lasceranno lo studio del medico sentendosi male con se stessi e senza speranza mentre il primo ha una maggiore possibilità di ispirare un'influenza positiva in quel paziente.

Piacevolezza e flirt

Se volete che la gente si fidi di voi, allora è importante che siate simpatici ma questo è molto più facile a dirsi che a farsi!

Molti di noi cercano da prima della scuola media di piacere, ma non temete; ora che siamo adulti ed emotivamente più consapevoli, sarà molto più semplice vedere davvero i modi in cui riusciamo a portare gli altri dalla nostra parte.

Questo è un metodo innocuo da usare! Se sei veramente affascinante, allora gli altri potranno apprezzarti di più mentre se sei una persona simpatica, questo ti porterà ad essere gentile, divertente, intelligente e compassionevole.

Nessuno di questi è fattore negativo quindi, tra tutti i metodi descritti fino ad ora, questo è il migliore da usare con gli altri; la cosa più importante di cui dovrete essere sicuri è che non state perdendo voi stessi o la vostra felicità.

Se non sei bravo ad essere affascinante allora solo tu sarai quello che alla fine soffrirà; potresti essere in grado di affascinare alcune persone ma ci saranno comunque gli esperti in grado di capire il tuo comportamento.

Cominciate prima di tutto ad assicurarvi che le vostre reazioni emotive siano sotto controllo; se sei una persona che reagisce con rabbia alle notizie o non riesce a gestire il minimo cambiamento di programma, allora potrebbe essere un po' più difficile per gli altri andare d'accordo con te.

Siate molto consapevoli del modo in cui il vostro viso potrebbe apparire agli altri ma non mi sto riferendo, ovviamente, al fatto di avere un viso brutto o carino. Mantenete le sopracciglia rilassate con un leggero sorriso e se mostrate felicità e positività sul vostro viso è probabile attrarre un numero maggiore di persone.

Usate un linguaggio del corpo aperto, dialogate con loro e non parlate solo di voi stessi; siate generosi e premurosi e fate del vostro meglio per fare le cose per loro, non importa quanto siano piccole.

Abbiate un atteggiamento complessivamente positivo ma non forzate questa positività sugli altri; se qualcuno è di cattivo umore, non dite loro di "ingoiare il rospo, le cose possono andare peggio" perché, anche se può essere vero, questo non li aiuterà.

Dite invece qualcosa del tipo: "Mi dispiace che tu stia passando tutto questo, tutto si sistemerà e sono qui per aiutarti se hai bisogno di me".

Non abbiate paura di mostrare il vostro lato appassionato ed entusiasta; alcuni individui hanno paura di far vedere la loro vulnerabilità perché ciò significa che potrebbero apparire deboli agli altri. Non lasciate che questo vi impedisca di condividere l'amore che avete e che gli altri meritano.

Se volete davvero essere affascinanti è giunto il momento di diventare creativi trovando dei modi sostanziali per impressionare le altre persone.

Preparazione alla persuasione

Ci sono alcuni modi per prepararsi prima di iniziare a

chiedere qualsiasi cosa si voglia ottenere.

Se offrite loro qualcosa, potrebbero sentirsi più propensi a ricambiare il favore e se li invitate a cena è più probabile che vogliano portare una bottiglia di vino o portarvi fuori a cena la settimana successiva (concetto di reciprocità).

Un altro metodo è chiedere prima qualcosa di piccolo: se avete bisogno di qualcuno che faccia un lavoretto per voi, potreste dire: "Vi dispiace spazzare?" Poi, dopo che sono d'accordo, magari potreste aggiungere: "Potresti portare fuori l'immondizia, se non ti dispiace?" In questo modo possono sembrare due semplici compiti piuttosto che una lunga lista di faccende, se raggruppati insieme.

Quando si fa un accordo, potrebbe essere una buona idea chiedere qualcosa di più grande di quello che si spera.

Se avete bisogno di prendere in prestito 3.000 euro da un amico, potreste chiedere prima 5.000 euro; loro magari vi proporranno un prezzo più basso perché non hanno l'intero importo, ma alla fine vi daranno comunque quello di cui avevate bisogno all'inizio, perché avete fatto la domanda chiedendo inizialmente di più.

Siate pronti ad ottenere le cose che volete e comincerete a scoprire che è molto più facile iniziare a vedere il potere tornare nella vostra vita, specialmente quello che vi è stato tolto inizialmente dal manipolatore.

Conoscere la loro linea di base

Imparate a conoscere veramente le persone e il loro significato prima di cercare di persuaderla.

Quali sono i loro interessi? Sono persone orientate allo sport? Preferirebbero andare in un museo d'arte nel pomeriggio? Quando riesci a capire alcune delle cose che li rendono quello che sono, può essere più facile adattarsi a quella personalità, quindi è più facile persuaderli in seguito.

È importante capire se qualcuno ha un pensiero che si trasforma in una "zecca" fisica; se è confuso, si gratta la testa o strizza le sopracciglia? Se sono arrabbiati, scuotono la gamba o si stringono le labbra? Cominciate ad associare ciò che fanno fisicamente a ciò che pensano, in modo da avere più chiarezza sul loro modo di agire.

È importante cercare le differenze nel modo in cui potrebbero agire per capire se stanno mentendo o meno oppure se stanno cercando di persuaderti.

Se cominciano ad allontanarsi da alcune delle linee di base che già conosci, forse stanno cercando di trasformarsi in una persona diversa, diventando più influenti.

I metodi che ti aiuteranno a persuadere non funzioneranno per tutti perché, se si è facilmente influenzati da certi aspetti, non significa che gli altri avranno le stesse sensazioni; tenete conto dei punti di forza e di debolezza di ognuno.

Il metodo migliore per i venditori è quello di far sentire l'acquirente come se fosse un individuo. Imparate a conoscerli a livello personale e avranno più probabilità di rispondere in modo positivo e sano.

Le aziende che prosperano di più sono quelle che lavorano con lo scopo di far sentire il cliente come la persona più importante del mondo ma per ciò bisogna conoscere sempre il suo pensiero.

CAPITOLO 7:

IL POTERE DELLE PAROLE – FONDAMENTI LINGUISTICI DELLA MANIPOLAZIONE

In questo capitolo verrà illustrato come si possono manipolare le persone in una conversazione attraverso la magia della programmazione neurolinguistica; in particolare, verranno evidenziate diverse strategie che si possono affrontare nel trattare con le persone per ottenere ciò che si vuole.

L'obiettivo è lo sviluppo di un proprio "campo di distorsione della realtà" e, se ci riesciti, ti ritroverai rapidamente ad ottenere quello che vuoi.

Detto questo, cominciamo.

Idee di filatura

La prima cosa da tenere a mente è che quando si presenta un'idea a qualcuno, ci si trova a spingere controcorrente a causa della natura stessa della proposta perché la maggior parte delle volte, non siete nella posizione vincente in termini di influenza. Le persone non vogliono davvero fare qualcosa a meno che non siano costrette a farlo, soprattutto se per loro sembra irragionevole per un qualsiasi motivo.

Proprio per questo, un'abilità su cui bisogna davvero lavorare è la filatura di idee diverse in modo che sembrino vantaggiose per la persona che si sta cercando di influenzare; in realtà, dovreste evitare di farlo perché questo renderà i vostri tentativi evidenti.

Piuttosto, invece di presentare le cose in termini di "tu" e "io", presentatele come "noi", in modo che vedano la loro inclusione nel vostro piano e se parlate direttamente di benefici, allora fatelo in modo da far sembrare che entrambi ne beneficiate.

La tattica dell'esagerazione

La realtà è che se si vuole influenzare le persone in modo adeguato, bisogna sognare in grande.

Anche se le persone sono preoccupate per le cose che potrebbero sembrare insormontabili, è probabile che ci provino comunque a condizione che si possano vederle come ragionevoli; la chiave è avere passione nella presentazione.

Internamente sapete che non riuscirete a colpire nel segno se andrete avanti con qualsiasi cosa stiate cercando di fare ma, tuttavia, cadere appena al di sotto del limite è del tutto accettabile.

Se la persona che stai influenzando ha abbastanza rispetto per te, potrebbe fare molte cose per sentirsi all'altezza della situazione.

L'ipervendita è una tattica rischiosa perché devi avere la capacità di ispirare le persone con la tua passione. Tuttavia, attraverso la perseveranza, la pratica e lo sviluppo del giusto carisma, si può facilmente farla franca con l'ipervendita per ottenere ciò che si vuole dalle persone.

Semplificare eccessivamente

La "fallacia dei costi affondati" è un aspetto molto reale e se le persone si dedicano completamente a qualcosa, ci sono pochissime possibilità che vogliano uscirne, anche se si rendono conto che è un qualcosa più grande di loro perché raramente vogliono rappresentare l'anello debole di qualcosa.

Questo può essere visto come l'esatto opposto di un eccesso di vendite; invece di rendere ovvio come andrà un progetto o qualcosa che si desidera, si può nasconderlo e menzionarlo in seguito.

Onestà evidente

Questa è una delle tattiche più semplici ma farà sì che la gente vi rispetti di più e li renderà più parziali rispetto alla vostra influenza.

Bisogna comprendere che molte persone non sono abituate all'onestà ed inoltre, il modo per influenzare le persone, è quello di buttarle fuori ovvero bisogna disorientarle e sopraffarle in termini di forza di volontà. Consideratelo come un incontro di boxe e aspettate che il vostro avversario vi dia un'apertura prima di tirare un pugno; qui, però, puoi creare le tue aperture e puoi fare cose che la gente di solito non si aspetta e questo può essere importante per guadagnarsi il loro rispetto.

Essere onesti, quando la gente non se lo aspetta, è una parte importante del successo di questa tecnica. Naturalmente, è necessario avere un buon senso del tempismo e non dire alle persone che qualcosa è orribile, il loro abbigliamento è brutto o qualsiasi altra cosa esplicitamente scortese; piuttosto, se vi sentite come se tutti gli altri li viziassero per qualcosa, siate l'opposizione ai vizi. Le persone sanno quando vengono nutrite con il letame, anche se è solo per farle sentire meglio; essere qualcuno che vede attraverso il letame li farà sentire come se li capisse davvero.

È difficile definire esattamente il significato di onestà evidente ma considera una situazione in cui qualcuno ti sta confidando qualcosa; non bisogna indirizzarli a prendere una strada o l'altra, anche se questo è il tuo obiettivo finale nella conversazione ma devi cercare di farli lentamente oscillare dalla tua parte attraverso l'uso di altre tattiche.

La chiave è convincerli che li capisci con frasi del tipo: "Andrà assolutamente bene"; in questo modo li farai sentire come se dovessero permetterti di aiutarli a prendere una decisione, anche se non in modo diretto facendogli seguire i vostri consigli più di quanto non farebbero con gli altri.

Definisci la tua posizione come neutrale

Ci sono momenti in cui la migliore linea d'azione è quella di definire esplicitamente la propria posizione.

Considerate questo: avete un conoscente con il quale preferite non avere rapporti per un determinato motivo e un giorno questa persona vi confida che ha la possibilità di trasferirsi lontano.

Dal momento in cui è solo un conoscente, puoi dire di essere in una posizione unica con una frase di questo genere: "Tutti gli altri ti spingeranno a restare perché sono tuoi amici e sentiranno la tua mancanza ma posso dirti che questa è un'opportunità incredibile per te e penso che dovresti andare".

Poiché hai definito la tua posizione neutrale, questa persona inizierà a pensare che la tua opinione è la più oggettiva mentre quella di tutti gli altri è semplicemente soggettiva.

Interpretate lungo e breve

Quando parli con qualcuno, non dominare assolutamente la conversazione, lasciatelo parlare e poi ponetegli domande pertinenti su ciò che sta dicendo, legandolo al vostro punto di partenza. Questa tecnica si può utilizzare sia per una conversazione casuale sia se si vende un'idea (dovrete parlare con risposte e domande brevi ma aggiungete occasionalmente una spiegazione lunga e appassionata).

Interpretando dichiarazioni lunghe e brevi, si ottengono due risultati: la prima è che le persone saranno interessate dalla vostra conversazione ed inoltre, quando rispondete alle loro domande, fate in modo di mostrarvi interessati alla prospettiva che stanno condividendo.

Questa è una parte molto importante dell'influenza, quindi assicuratevi di usarla quando potete; ricordate che state cercando di tenere le persone attente e di mantenere il loro interesse oltre a far valere, in ultima analisi, un'argomentazione a favore di qualcosa, direttamente o indirettamente.

Intensità e passione

Devi lavorare per renderti intenso e appassionato o almeno dare agli altri l'impressione di esserlo.

Questo è più orientato al lancio di idee che a una

conversazione casuale e, se lo fate in una conversazione casuale, potreste in realtà allontanarvi dall'influenzare con successo qualcuno perché potreste sembrare inquietanti.

Quello che potete fare, invece, è lavorare per rendere le vostre frasi "taglienti", evitando di dire parole di riempimento e facendo pratica nel dire esattamente quello che intendete perchè più si inciampa nelle cose e meno si è sicuri di se stessi.

Inoltre, puoi apparire più appassionato se aggiungi più entusiasmo e non importa se si ripetono le stesse informazioni, a patto che si esprimano in modo diverso.

Il punto è sviluppare un ritmo per qualsiasi cosa tu stia facendo ed essere veramente entusiasta in modo di far capire che non solo volete che accada ma siete sicuri al cento per cento che possa accadere; questo va anche di pari passo con alcune delle cose di cui abbiamo parlato prima, ovvero far sentire importanti le persone.

Conoscere la propria aura

Che ci piaccia ammetterlo o meno, ognuno di noi ha una certa aura o una certa vibrazione che emana. Sapere che tipo di paura o vibrazione si emana è importante per determinare il tipo di approccio da adottare per influenzare le persone.

Sputa il rospo

Le persone spesso si rendono molto vulnerabili agli altri ma, tuttavia, il più delle volte lo fanno solo come reazione.

Se sarai il primo a renderti "vulnerabile", allora spesso riuscirai a coinvolgere anche loro; questo può essere un ottimo modo per entrare in contatto con chiunque, così come per imparare quale tipo di tattica bisogna usare per influenzarli.

Ci sono due diversi percorsi che si possono seguire: il primo è che la gente ti conosce e questo ha delle conseguenze, ma anche qualche dei vantaggi.

La conseguenza più ovvia è che percorso ti porta ad essere emotivamente vulnerabile nei confronti dell'altra persona; se non riuscite a spegnere completamente le vostre emozioni, allora potreste ritrovarvi ad affezionarvi ad esse e questo non è positivo se si vuole solo usarle per ottenere qualcosa.

La seconda via è che si possono inventare delle storie ma questo è meglio farlo per telefono o di persona piuttosto che tramite e-mail o sms; se vi inventate delle storie, allora potete stare tranquilli che non hanno un vero e proprio attaccamento a voi in senso reale e potete anche creare una riserva di storie false per diverse situazioni. Un ulteriore vantaggio di questo metodo è che se decidono di far trapelare i vostri segreti, senza essere provati, potete accusarli di essersi inventato tutto, poiché nessuno sarà in grado di affermare ciò che dicono di voi; questo però è anche l'inconveniente principale perché, se hai bisogno di qualcuno che confermi la tua storia o stai cercando di usare una persona, può causare un sacco di problemi.

Tutto sommato, però, se riesci a renderti vulnerabile nei confronti di un altro individuo, questa comincerà a sentirsi legato a te e prenderà più seriamente tutto ciò che gli racconti.

Giocate con i vostri punti di forza

Se si vuole sviluppare una personalità per influenzare le persone è necessario iniziare a giocare con i propri punti di forza.

Steve Jobs era bravissimo a influenzare le persone sia perché conosceva il modo di lavorare delle persone ma perché era intelligente e appassionato, per non parlare dell'intensità e tutti questi fattori, messi insieme, creano una miscela molto potente usata per influenzare gli altri.

Purtroppo, è probabile che tu non sia Steve Jobs ma devi davvero saper giocare con i tuoi punti di forza e riconoscere quali parti della tua personalità hanno il potere più influente.

Ad esempio, se sei una persona intelligente ma non sei molto bravo nel parlare, concentrati sulla qualità del discorso cercando di comunicare il meno possibile; se sei invece bravo a lavorare con concetti astratti, trova il modo di raggrupparli portando le persone dalla tua parte.

Usa l'intelligenza come base per la tua influenza ma non commettere l'errore di sembrare intelligenti; inoltre, non abusare, per esempio, di un "thesaurus" o di qualcosa del genere perchè questo porterà le persone a non prenderti sul serio e potrebbero anche metterti al di sotto di loro.

Se sei bravo con la dialettica, ma non sei molto intelligente nella pratica, stai lontano dai dettagli più sottili e concentrati sull'uso del tuo carisma per affascinare le persone.

Fate in modo di trovare argomentazioni in cui avete una certa competenza così potrete dimostrare sempre una completa conoscenza di un argomento perché, così facendo, l'altra persona verrà totalmente coinvolta.

Evitate la condiscendenza

Se si vogliono influenzare le persone, non bisogna mai essere condiscendenti nei confronti di un'altra persona ma neanche farli sentire esplicitamente in colpa perchè questa è una manipolazione negativa e ciò causerà un danno inevitabile.

La condiscendenza è in particolare uno dei modi migliori per allontanare le persone dalla vostra causa.

Dimostrati affascinante

È incredibilmente importante che tu sia affascinante e che ti possa inserire in qualsiasi situazione; è difficile definire un certo fascino ma in sostanza tutto si riduce a praticare le cose di cui abbiamo parlato nel capitolo precedente, in modo da poter sviluppare il proprio carisma.

Ed è proprio con questo carisma che affascinerete le persone perché il fascino non significa necessariamente che state cercando di sedurre o di coinvolgere altre persone ma il significato di "affascinante", in questo contesto, è attirare facilmente le persone a ciò che dici.

Anche se questo può sembrare un po' semplicistico in termini di suggestione, non c'è davvero modo di aggirarlo e bisogna costruirsi una sorta di fascino superficiale per se stessi, in modo da poter facilmente coinvolgere le persone in ciò che si dice.

Quindi, è necessario menzionarlo come parte essenziale delle tue capacità manipolative.

Rendere possibile l'impossibile

Bisogna trovare il modo di far compiere alle persone qualcosa di impossibile; se riesci a convincerli a sufficienza e li entusiasmi con la passione che emani, l'idea di rendere possibile qualcosa che può sembrare impossibile, li terrà molto occupati e coinvolti nel progetto o nell'idea in generale.

Si può fare in modo di farli sentire essenziali per una determinata missione e, se li fai sentire come se fossero le uniche persone in grado di poterlo fare, allora è più probabile che lo facciano.

Basta fare attenzione a non metterli troppo sotto pressione perché questo può esaurire tutto il loro entusiasmo.

Come ottenere i fiocchi

Molte persone hanno una sorta di "data di scadenza" innata per un'idea; per esempio, se si tratta di una sorta di joint venture in cui li hai convinti a partecipare, se davvero la costruisci o la sopravvaluti e dai loro abbastanza tempo prima di cominciare a lavorare, inizieranno a fare considerazioni negative sull'idea stessa.

Una volta che questo accade, puoi considerare la tua partnership come se fosse finita perchè cominceranno a rinunciare completamente a questo progetto.

Quello che puoi fare, invece, è diffidare da questa data di scadenza usando le tattiche elencate prima di farli iniziare a lavorare su di essa; in poco tempo inizieranno a sentirsi parte dell'idea stessa.

La data di scadenza di un'idea differisce da ogni persona e, di solito, questa è una di quelle cose che si avvertono dopo alcune interazioni con una persona ma non sempre si ha così tanto tempo prima di dover influenzare qualcuno.

Tenete presente, infine, che puoi approfittare di questi concetti per fare in modo di coinvolgere subito quelle persone che hanno la tendenza a pensare troppo per poi, alla fine, rinunciare al vostro progetto.

CAPITOLO 8:

LE TECNICHE UTILIZZATE NELLA PERSUASIONE

Ci sono diversi tipi di tecniche, oltre a quelle citate nei precedenti capitoli, che si possono usare quando si tratta di persuasione oscura e che vi permetteranno di ottenere ciò che volete dall'altra persona impedendo a chiunque di potersi approfittare di voi.

Alcune delle diverse tecniche di persuasione oscura che potete utilizzare a vostro vantaggio sono:

Bombardamento d'amore

L'idea che viene con il bombardamento d'amore non è davvero nuova in quanto è stata usata per la prima volta negli anni Settanta da Sun Myung Mood, leader della Chiesa dell'Unificazione degli Stati Uniti.

È stata utilizzata in un modo che descriveva il tipo di felicità e di amore esagerato che i suoi seguaci avrebbero mostrato verso gli altri per farli entrare nella chiesa. Secondo la

Psicologia, oggi, questo metodo è stato usato anche da molti altri gruppi tra cui i capi delle bande ed i criminali per ottenere l'obbedienza e la lealtà.

Negli ultimi decenni, però, molti psicologi hanno usato questo termine per parlare di alcuni dei comportamenti preoccupanti che si sono visti in alcune delle relazioni romantiche.

Questo tipo di bombardamento d'amore è una sorta di tattica seducente che ha lo scopo di creare dei sentimenti positivi nell'altra persona; ci sono un sacco di tattiche che possono essere usate tra cui la lode, i doni, le lusinghe, l'adulazione, l'attenzione e un sacco di affetto.

Eccessivo è una delle parole chiave quando si menziona questa tattica perchè il bombardamento d'amore sarà diverso rispetto ad alcuni dei comportamenti normali in una relazione e a volte sembrerà ingiustificato o implacabile.

Proprio come quello che possiamo immaginare in guerra, il bombardamento dell'amore sarà come una grande tempesta nella speranza di abbattere qualsiasi resistenza.

Ognuno di noi avrà un muro che ci circonda per assicurarsi che non ci venga fatto del male e la persona che diventa vittima di questo bombardamento d'amore sarà vulnerabile rendendola più facilmente influenzata dall'attenzione che riceve.

Allora, perché qualcuno dovrebbe utilizzare un

bombardamento d'amore? Spesso si sente proprio il bisogno o si vuole usare l'altra persona per ottenere qualcosa; vogliono essere sicuri di poter usare quella persona abbattendo i muri che si trovano nel mezzo e frequentemente causano qualche danno nel processo, anche se sono in grado di formare un tipo di attaccamento verso l'altra persona che non è sano.

Poi ci sono i bombardieri dell'amore e queste sono le persone che useranno questa tecnica come un modo per controllare un altro individuo.

Questi manipolatori useranno degli stratagemmi per ottenere favori e persino un certo potere con un partner se non sentono davvero queste cose nei loro confronti; si scoprirà che uscire con questo tipo di persone di solito non fa bene e quindi si arrabbieranno quando il loro partner non ricambierà l'attenzione o l'affetto e non saranno mai in grado di raggiungere gli alti standard che il loro partner vuole da loro.

Come oscuro persuasore, potresti scoprire che lavorare con il bombardamento d'amore può essere una grande pratica perchè ti permette di ingannare l'altra persona convincendola a fare ciò che desideri, visto che sentirà da te una quantità eccessiva di amore.

Mascherare le vere intenzioni

Il prossimo punto della lista da non sottovalutare è l'idea di mascherare le vostre vere intenzioni.

A volte, quando usiamo la psicologia oscura e i diversi metodi che ne derivano, ha più senso nascondere le vostre vere intenzioni; se sono cattive intenzioni, di conseguenza, l'altra persona non vorrà avere nessun rapporto con voi ma, probabilmente, nasconderle renderà più facile ottenere ciò che vogliamo.

A volte, anche se l'obiettivo finale non è poi così male, le persone non saranno contente di scoprire che vengono usate da qualcun altro e mascherare le vere intenzioni assicura una maggiore probabilità di ottenere ciò che si vuole.

CAPITOLO 9:

POTENZA IPNOTICA

Ci sono tre aree da padroneggiare se si vuole esercitare un potere ipnotico inarrestabile.

1. *L'autorità*: bisogna generare conformità anche se le persone non vogliono seguire le tue istruzioni e più si ha la percezione dell'autorità e più rapidamente la mente della persona si sente costretta a conformarsi. Questo non è qualcosa su cui si ha un controllo cosciente perché, la corteccia rettiliana (la parte più antica e potente del cervello) è molto sensibile allo status sociale e all'autorità.

Vogliamo che le persone con cui interagiamo siano suggestionabili in modo da poter creare il massimo cambiamento.

L'autorità deve assicurare la conformità altrimenti non si può ottenere il meglio da qualcuno perché il risultato sarà una sorta di comportamento passivo-aggressivo. Se si fonde l'autorità con l'attrattiva, (pensate che un re è l'autorità e la regina è l'attrattiva) le persone faranno quello che dite non solo per compiacervi ma anche per il desiderio di piacere e di convalida; in pratica vogliono la vostra approvazione.

Ricordate che la mente subconscia è schiava del feedback, vuole piacere, quindi nutrite quel bisogno e date le ricompense ma fate in modo che quella persona voglia compiacervi.

Non avete tempo di litigare con qualcuno per cambiare; avete bisogno di primeggiare con gli individui per essere accondiscendenti con voi perché nessuna delle tecniche che mettete in pratica avviene fino a quando l'obiettivo o l'ascoltatore non fa quello che dite voi.

La fede è solo una parte dell'equazione e non importa cosa crede la persona ma è fondamentale non solo ciò che credete voi ma anche quanto il vostro ascoltatore sia disposto a rispettare le vostre direttive.

2. *Attrattività:* è la capacità di generare attrazione negli altri ed essere in grado di gestirla.

La brutta verità sull'attrazione è che le persone attraenti ottengono più cose e l'attrazione non è una scelta perchè non si può scegliere da chi si è attratti ma tu, invece, hai un'enorme influenza su chi vuoi attrarre.

L'attrattiva genera conformità da un desiderio di piacere e di convalida, mentre l'autorità genera conformità perché è necessario.

3. *Affinità:* è il desiderio di piacere, di far parte del gruppo o di essere accettati dal gruppo.

Hanno fatto un test in cui ad una persona all'interno di un gruppo è stato chiesto di valutare i legami. Ascoltando i pareri contrari degli altri membri del gruppo, anche lui si è convinto di cambiare la sua opinione nonostante avesse ragione; questa è la tattica dell'affinità, il potere del gruppo.

Le fonti ritmiche cercano di trovare un ritmo comune e quella più forte del corpo è il cuore che irradia un campo elettromagnetico molto ampio e può essere misurato con alcuni strumenti. Quando i battiti cardiaci delle persone iniziano a sincronizzarsi, il resto della loro fisiologia li segue, così come i loro processi di pensiero.

L'affinità ha la stessa funzione perché è il desiderio di essere accettati dal gruppo; la "scomunica" dal gruppo equivale all'estinzione dal punto della corteccia rettiliana del cervello e quindi, gli esseri umani, sono spinti a cercare uno status all'interno dei gruppi sociali.

Dimostrate autorità e di essere come loro, generate una qualche forma di attrattiva e scoprirete che le persone faranno proprio quello che dite voi e sarete apprezzati per questo.

Ammassare un'enorme influenza significa muoversi in giro per il mondo, far sentire le persone bene con se stesse e farle stare bene intorno a te.

CAPITOLO 10:

PSICOLOGIA UMANA

Non è necessario essere un esperto di psicologia per avere una comprensione di base su come funziona il cervello umano.

Una volta che avrete imparato a conoscere il funzionamento del nostro cervello, potrete iniziare ad analizzare le persone molto più facilmente. Comincerete a capire che, chi vi sta intorno, potrebbe avere determinati comportamenti a causa del modo in cui è stato cresciuto o per tutto ciò che gli è stato insegnato.

Una volta che avrete una comprensione di base della psicologia umana, comincerete a mettere insieme i vari pezzi di ciò che rende le persone intorno a voi gli individui unici che rappresentano e capirete anche il motivo per cui una persona compie determinate cose.

Anche coloro che sono incredibilmente abili nella psicologia umana commettono errori di tanto in tanto. Si sa ancora così poco sul cervello umano e, naturalmente, non tutti hanno sempre ragione; il cervello è l'organo più complesso del corpo di qualsiasi essere vivente e può risultare difficile capirlo e comprendere quali sono i segreti.

Si può comunque tentare di conoscere il funzionamento interno del cervello di una persona ma, anche se non si avranno tutte le risposte, si inizierà a comprenderle un po' meglio.

Non è strano pensare che tutto ciò che sappiamo del cervello ci sia stato insegnato dal lui? Questo organo complesso non avrà mai pienamente senso per nessuno, ma questo fa parte del divertimento di cercare di capire le persone.

È importante non usare la psiche di qualcuno e l'intenzione non dovrebbe mai essere quella di persuadere le persone a fare qualcosa in cui solo tu ci guadagni perchè non bisognerebbe mai approfittare di un'altra persona che non riesce a capire cosa sta succedendo.

Con alcuni individui bisogna avere tatto, soprattutto perché non sono pronte ad affrontare i propri problemi; non tutti hanno una comprensione di base del proprio cervello o del perché compiono alcune cose mentre altre hanno paura della propria mente e quindi non sono disposte a confrontarsi con se stesse e con le proprie emozioni ma è importante rimanere pazienti con coloro che potrebbero non essere consapevoli di se stessi.

Creare vulnerabilità

Alcuni rispondono nel migliore dei modi quando una persona è vulnerabile; gli esseri umani si connettono a livello sociale o umano e, in tutte queste categorie, la vulnerabilità è ricercata per creare una connessione perché nessuno vuole sentirsi come se stesse parlando con una statua senza sentimenti.

La vulnerabilità è importante per far sapere all'altra persona che anche tu sei umano.

È confortante sapere dell'esistenza di un'altra persona che è relazionabile; tutti abbiamo i nostri difetti, commettiamo degli errori e alcuni di noi hanno giorni in cui può essere difficile anche solo alzarsi dal letto ma se riesci a mostrare una parte di questo lato ad un'altra persona è più probabile che si connetta con te.

Molti di noi desiderano essere una persona perfetta o che sembri apparentemente tale; guardiamo quelle celebrità di Instagram, vediamo la loro pelle e i loro capelli perfetti e, nel profondo, desideriamo essere come loro ma la maggior parte delle persone non si rende conto che non vorrebbe essere amica di questa persona perchè ci deve essere un equilibrio quando si creano legami più profondi, quindi presentarsi come troppo irraggiungibili o troppo perfetti, non farà altro che allontanare gli altri.

Naturalmente è giusto mostrare agli altri che sei una persona vera con pensieri e sentimenti; tuttavia, a volte, le persone diventano troppo dipendenti dagli altri quando cercano di stabilire un legame con loro e finiscono per infilarsi nel pericoloso mondo della codipendenza infatti, quando ci si libera dei propri pensieri e sentimenti iniziando ad ascoltare troppo le opinioni degli altri intorno a sé, c'è la possibilità di avere delle tendenze codipendenti.

Condividere troppo può mettere molte persone a disagio e non dovete dire a tutti i vostri segreti più oscuri per far credere loro che avete un lato vulnerabile perchè ci sono altri modi per dimostrare, a chi ti sta intorno, che sei una persona con cui si può stabilire un legame.

Chiedere aiuto

Questo è un altro modo per far vedere la vulnerabilità perchè stai facendo sapere all'altra persona che non solo ne hai bisogno ma che scegli di chiedere anche aiuto e stai facendo di tutto per fargli sapere che ha quello che serve per risolvere il tuo problema; stai dando ad un'altra persona la responsabilità su te stesso e questo può farla sentire molto potente.

Tutto ciò può essere controproducente; perché vuoi mostrarti impotente nei confronti di un'altra persona? La chiave è non chiedere troppo aiuto.

Devi chiedere solo piccole cose in modo da aiutarti a connetterti con qualcuno per avere dei rapporti come prendere in prestito qualcosa, unirti a loro mentre magari fai acquisti o stare a casa insieme per un fine settimana.

Creando un'interazione tra voi e l'altra persona, potete entrare in contatto con loro a livello umano; in questo modo dai più valore alla tua relazione più di quanto non faresti se facessi solamente una semplice conversazione.

Lo vedrete spesso con gli insegnanti e con coloro che si prendono cura dei bambini perché gli chiedono di fare qualcosa in modo che possano sentirsi importanti, come se avessero un significato e lo stesso pensiero può essere portato nell'età adulta.

Chiedere di più

Un modo per essere sicuri che sarete in grado di convincere qualcuno ad aiutarvi è chiedere più di quanto vi serve per assicurarvi di ottenere almeno la metà.

Se hai bisogno di prendere in prestito il camion di qualcuno per aiutarti a traslocare, chiedi se può aiutarti a fare le valigie, disfare i bagagli e scaricare le tue cose; così facendo stai chiedendo molto a questa persona, quindi c'è la possibilità che dica di no e, se non accettano, allora potresti semplicemente chiedere di prendere in prestito il loro camion ovvero il motivo principale per cui hai chiesto aiuto in primo luogo ed è molto più probabile che dicano di sì, perché si sentono in colpa per aver rifiutato la tua prima richiesta.

Questa è una buona tecnica che si può usare in certe trattative d'affari: quando si fa un'offerta per una casa, non si offre quello che si vuole effettivamente pagare; proporrai una cifra più bassa per dare, all'altra persona, la possibilità di controbattere e questo stesso tipo di pensiero può essere applicato a diverse interazioni e momenti di persuasione con altre persone, sia a livello professionale che personale.

Dovete comunque essere ragionevoli con le vostre richieste perchè non potete aspettarvi di usare questo metodo per cambiare una persona. Se si vuole di più da una persona dal punto di vista emotivo, non si può chiedere il doppio di quello di cui hai bisogno; questo metodo di persuasione non è applicabile in tutti gli scenari ma può certamente aiutarvi in molte situazioni diverse.

Fare connessioni

Questa è una parte importante per analizzare e persuadere un'altra persona perchè nessuno vuole fare favori a qualcuno con cui non ha rapporti.

Alcune persone sono più difficili da conoscere perchè potrebbero aver passato una buona parte della loro vita senza incontrare nuove persone e questo, molte volte, è dovuto dal fatto che sono stati feriti così spesso da non voler più provare dolore diventando persone indipendenti che hanno fatto affidamento su se stessi per così tanto tempo da trovare la loro felicità. Anche se queste persone potrebbero essere le più difficili con cui connettersi, è ancora possibile ma devi presentarti in modo vulnerabile per fargli sapere che non vuoi far loro del male.

Non puoi renderti troppo bisognoso perché alle persone indipendenti non piacciono coloro che sembrano dipendere troppo da altri e non è facile trovare questo equilibrio, ma è possibile.

Anche quelli che apparentemente si adattano e vanno d'accordo con tutti scopriranno che hanno ancora i loro momenti di solitudine.

A volte, l'essere umano può risultare incredibilmente solitario; ci si sente vuoti dentro con i propri pensieri, chiedendosi se è giusto contare solo su se stessi. Questa sensazione di solitudine potrebbe non sparire mai ma il contatto con le altre persone può aiutare ad alleviare questi pensieri.

Ci sono molti modi per ottenere una connessione più profonda con coloro che già conosci e ami ma quando si tratta di incontrare nuove persone, esistono metodi che puoi usare per creare una connessione.

Usate il loro nome

Le persone si divertono quando si sentono chiamare con il loro nome e ricordati che, usando questo metodo, ti stai connettendo con loro.

I capi che chiamano i propri dipendenti per nome hanno molte più probabilità di essere rispettati e non importa quanto grande sia un'azienda o quanti dipendenti ci siano, è sempre una buona idea assicurarsi di conoscere il nome di quante più persone possibile.

Lo stesso dovrebbe essere fatto per coloro che incontriamo in giro; imparate anche a conoscere il nome del vostro postino, o della persona che vi prepara il caffè al bar ogni mattina.

Alcuni pensano che leggere i cartellini dei lavoratori possa essere un modo per entrare in contatto con loro perché, conoscere e chiamarli con il loro nome, li farà sentire molto di più a loro agio.

Quando si parla con le persone e si ha una conversazione seria con loro è importante chiamarli con il loro nome perché questo gli fa sapere che state parlando specificamente con la persona interessata.

Comportamento speculare

Una volta che si capisce il linguaggio del corpo di una persona, si può iniziare a comprendere come imitare anche il suo comportamento.

Qualcuno che sembra molto sicuro di sé potrebbe essere più difficile da comprendere ma è comunque importante cercare di imitare questo comportamento perchè la fiducia reciproca è fondamentale, soprattutto in un affare in cui si cerca di persuadere l'altra persona.

Non si vuole fare questo per essere manipolatori ma piuttosto per farli sentire a proprio agio; se alcuni individui notano che una persona si sente particolarmente a disagio, potrebbero approfittarne ed esercitare la loro fiducia e il loro potere ma questo non dovrebbe essere mai fatto perché non avresti l'opportunità di farli confidare con te.

Se notate che qualcuno si sente a disagio, riducete il vostro livello di fiducia perchè questo gli fa capire che può fidarsi di voi e che dipende da voi, poi tenete le braccia rilassate, magari inclinando la testa per fargli capire che siete in ascolto e pronti a sentire quello che vi vuole comunicare.

L'adulazione ti porta ovunque

A volte, adulare qualcuno può davvero funzionare. Non bisogna essere troppo esagerati con i complimenti che si fanno ad un'altra persona ma è comunque importante farla sentire importante.

L'adulazione non deve essere solo dire a qualcuno quanto è bello o intelligente ma si può fare anche con piccoli gesti come prendere il loro snack preferito quando sei al negozio o ricordarsi di chiedere come sono andate le loro vacanze se sai che sono andati via per il fine settimana. Alcune persone potrebbero vedere queste cose come un comportamento sfacciato per ottenere qualcosa in cambio ma cercare di creare un legame positivo dovrebbe essere parte della nostra vita quotidiana.

Anche se qualcuno capisce ciò che stai facendo, apprezzerà comunque il tuo sforzo cosciente di creare un legame. Può essere abbastanza ovvio in alcuni casi che una persona stia cercando di lusingarti, specialmente se normalmente è chiusa o apparentemente disattenta e, anche se alcune persone possono essere infastidite da questo modo di fare, la maggior parte valuteranno positivamente lo sforzo che state facendo per cercare di stabilire un legame con loro.

Il potere delle parole

Tu, perché, gratis, libero, immediatamente e nuovo sono le parole più potenti da dire. "Tu" è una parola importante, perché la gente ama sentire parlare di sé; ascolta un discorso di un bambino di 1-3 anni la prossima volta che gli stai vicino. "Io" e "mio" saranno probabilmente una parte enorme del loro vocabolario e potrebbe anche essere la prima parola che la maggior parte delle persone impara!

"Perché" è un'altra parola rilevante, in quanto molte persone cercano una spiegazione e in una parola con così tante curiosità e possibilità, possiamo sentirci sopraffatti da quanto poco sappiamo. Gli esseri umani sono ossessionati dalle etichette e alla maggior parte delle persone piace conoscere il motivo che sta dietro a qualcosa e quando sentono la parola "perché", il loro cervello si accende e diventa più attento, in attesa della spiegazione che cercano disperatamente.

"Gratis" è una parola popolare, per molte ragioni; da un lato, significa cose gratuite e la gente spenderà anche trecento euro per qualcosa di cui non ha bisogno, se poi potrà ricevere anche un piccolo regalo gratuitamente; si può davvero ipnotizzare qualcuno usando la parola "gratis".

"Libero" è anch'essa una parola importante perché tante persone desiderano la libertà e l'indipendenza nella loro vita. Anche alle persone più codipendenti piace sentire la parola "libero", anche se sono solo loro ad illudersi di cosa possa significare la libertà.

"Immediatamente" è una parola da non sottovalutare perché molte persone sono ossessionate dal tempo. Cerchiamo di combattere il cambiamento il più possibile, ma il tempo è imbattibile, quindi quando riusciamo ad ottenerne di più, siamo contenti.

"Nuovo" è l'ultima parola da considerare; come esseri umani, i nostri cervelli sono collegati per cercare costantemente una nuova crescita. Le persone potrebbero avere paura del cambiamento ma noi cerchiamo ancora cose nuove e questa parola rappresenta la crescita e la vita allo stesso tempo;

Queste cinque parole bisognerebbe includerli nel vocabolario di tutti, indipendentemente dal fatto che si stia cercando di convincere qualcuno o meno.

Le parole che decidi di condividere sono cruciali perchè è importante ricordare non solo quello che si dice ma anche ciò che gli altri dicono.

Teorie psicologiche

La maggior parte di noi ha imparato all'inizio della scuola elementare che cos'era una teoria scientifica. Di solito si trattava dell'idea di qualcuno che poi cercava di concretizzarla per vedere se ciò che credeva fosse giusto.

Una teoria psicologica è simile in quanto uno psichiatra o uno psicologo ha pensato a qualcosa che ha visto tra i suoi pazienti, ha deciso di testare la sua teoria e poi ha ottenuto risultati diversi. Ci sono numerose teorie psicologiche che sono importanti e più si conosce, meglio si è in grado di analizzare qualcun altro.

C'è molto da sapere sui diversi aspetti psicologici per comprendere tutte le teorie che il mondo della scienza ha da offrire.

Forse avrai notato una determinata reazione tra un gruppo di persone con cui interagisci. Qual è la causa alla radice di questa reazione? Come potrebbero reagire in modo diverso ad un certo stimolo rispetto a un altro gruppo di persone? Ognuno è diverso, quindi non tutte le teorie sono applicabili ma è comunque molto interessante vedere quanto spesso si può avere ragione sulle previsioni psicologiche che si fanno.

Se non riesci a pensare a nessuna delle tue teorie, ne abbiamo messe insieme tre che sembrano essere molto adatte da testare tra la maggior parte delle persone e da chi ti sta intorno; sono teorie importanti per creare connessioni con altre persone, oltre che per convincerle.

Adescamento

Se si pensa all'adescamento, si potrebbe comunemente associare il termine alla pittura. Scegliete un primer da mettere sulle pareti prima di decidere di dipingere. Questo farà in modo che, un determinato colore delle pareti dipinte in precedenza, non si vedrà; in termini psicologici, il primer è molto simile a questa idea.

Si tratta di impostare le conversazioni e le azioni per la preparazione futura e questa idea è molto importante nelle trattative o nei momenti di persuasione.

Il priming consiste nell'inserire parole, immagini e idee nelle conversazioni prima di confrontarsi con la realtà ed è usato per le persone che non amano le sorprese o che non sono altrettanto disposte a cambiare.

Immaginate un marito e una moglie; forse la moglie vuole avere dei figli ma non è così sicura che il marito sia pronto e sa che lui non reagisce bene ai cambiamenti e che, di fronte a questo, tende a chiudersi in se stesso. Lei ha impiegato molto tempo per convincerlo a sposarsi e quindi deve stare attenta a non iniziare delle conversazioni che riguardano un futuro bambino e quindi potrebbe iniziare ad istruirlo magari guardando insieme un film su un bambino. Forse farà dei piccoli commenti qua e là sul fatto di volere un bambino o farà delle deviazioni attraverso le sezioni dedicate ai bambini nei centri commerciali.

Questo tipo di comportamento può essere piuttosto manipolativo se non viene utilizzato per le giuste ragioni; se il marito della donna avesse dichiarato più e più volte di non volere figli e che non avrebbe mai cambiato idea, non dovrebbe essere lei ad insistere. Tuttavia, ci sono alcune persone che hanno bisogno di una spinta psicologica ma spaventare il marito non sarebbe il modo giusto per farlo.

Se il cambiamento, o ciò che viene innescato, va a beneficio di entrambe le parti può essere uno strumento utile per ottenere ciò che si vuole ma se invece si usa solo per un guadagno personale allora si dovrebbe evitare di utilizzare questo strumento manipolativo.

CAPITOLO 11:

PERSUASIONE OSCURA

La persuasione potrebbe anche essere considerata la sorella minore della manipolazione perché la persuasione è una disciplina leggermente più nuova, più raffinata e meno aggressiva verso l'esterno. Tuttavia, assicuratevi di avere una chiara visione della manipolazione prima di continuare, in modo che la vostra comprensione della persuasione e soprattutto della persuasione oscura sia la più completa e sfaccettata possibile.

Storia della persuasione

A differenza della manipolazione, la pratica della persuasione deve essere saldamente radicata in una società civile già esistente. Ciò significa che l'arte di conquistare le persone con un discorso impeccabile, una buona argomentazione e una forte capacità di prefigurare e conoscere le loro convinzioni, che è una definizione sintetica della persuasione in generale ma non della persuasione oscura, richiede diverse cose che non esistono al di fuori della società.

La prima azione necessaria affinché la persuasione si propaghi come mezzo per acquisire influenza è una certa libertà dalla violenza. Ovviamente, anche senza una società, le persone non passerebbero tutto il giorno ad uccidersi l'uno con l'altro perchè sarebbero troppo occupate per procurarsi i servizi primari ma, nello specifico, il conflitto al di fuori di una società civile è più afflitto dalla violenza fisica. Senza uno stato o una struttura organizzata da cui una persona potrebbe essere allontanata se agisse in modo violento verso gli altri, cosa si può fare per impedire che accesi e fondamentali disaccordi cadano in uno spargimento di sangue? Non c'è molto da fare e, in questo contesto, la persuasione non è così attraente.

Nonostante questo, la capacità di persuasione e forse anche i singoli casi di persuasori molto dotati, ha quasi certamente una storia antica quanto una lingua parlata. Detto questo, la nascita della persuasione come forma d'arte è probabilmente avvenuta durante il Medioevo europeo, dove i primi collegi del mondo hanno sviluppato e sistematizzato un metodo di argomentazione chiamato "argomentazione dialettica".

Ora, l'argomentazione dialettica è ben lontana dalla persuasione oscura ed è stata un'attività in cui l'unico clero in formazione ovvero monaci, sacerdoti e frati era autorizzato a svolgere e si possono vedere al suo interno gli inizi dell'approccio serio e sistemico per convincere gli altri che solo loro avevano ragione. L'argomentazione dialettica, nel suo periodo di massimo splendore, è sbocciata in un insieme di regole e tecniche per argomentare qualsiasi cosa per poi variare, con il passare degli anni, nella sua forma. Hanno ideato regole per ogni tipo di argomentazione e, nel processo, hanno dimostrato che un argomento era convincente tanto per la sua forma e struttura quanto per il suo contenuto.

Abelardo, uno dei più talentuosi e famosi argomentatori dialettici del Medioevo, era incredibilmente arguto e capace nel trovare con facilità i buchi nella logica dei suoi avversari.

Forse vi starete chiedendo cosa c'entri esattamente questo con la persuasione attuale, soprattutto considerando che, in generale, i grandi persuasori di oggi non discutono usando i fatti o la logica e questa non è una differenza insignificante. Infatti, molto è cambiato dal Medioevo ad oggi, soprattutto per quanto riguarda la persuasione ma l'argomentazione dialettica medievale ha ancora qualcosa da insegnare se siete interessati ad imparare le arti della persuasione e soprattutto bisogna tenere presente che il contesto conta tanto quanto il contenuto; inoltre il processo di argomentazione dimostra che si può progettare la propria persuasività intorno ad una persona.

Questo approccio ha i suoi limiti ma è vero che la maggior parte delle persone condivide tratti, speranze, sogni, desideri e proprio questo è il significato dell'argomentazione dialettica. Standardizzando le strutture delle persuasioni e dei dibattiti è stato dimostrato che alcuni tipi di pensiero sono più standard di altri e, quindi, più propensi a funzionare. Essendo meno consapevoli di noi, alcuni individui del passato credevano che questi standard fossero costanti eterne ma, ovviamente, si sbagliavano.

Tutti i valori, le virtù e le credenze dipendono dalla cultura ma sono comunque importantissimi per sapere se si intende padroneggiare le arti della persuasione. Dovete parlare la lingua delle persone che cercate di persuadere e l'unica cosa su cui si dovrebbe essere in disaccordo è l'argomento che si sta discutendo.

Dall'argomentazione dialettica medievale si può imparare il significato e la necessità di una cultura condivisa nel contesto della persuasione; immaginate la situazione opposta, in cui vi trovate a cercare di persuadere una persona in un altro paese con abitudini e modi di vita diversi. Immaginando che non ci siano barriere linguistiche tra voi due, come riuscite a convincerlo di qualcosa di significativo?

Il vostro primo obiettivo di persuasione dovrebbe essere quello di appianare le differenze superflue tra voi stessi e il vostro bersaglio o, almeno, di impegnare la memoria in differenze significative, in modo da non trovarsi mai nel territorio sbagliato senza saperlo.

La persuasione oscura contro la persuasione tradizionale

A differenza della normale persuasione, che contiene sempre, a un certo livello, un attore con una mentalità etica che non è disposto a cambiare idea con ciò che crede essere vero nel momento in cui cerca di convincere, la persuasione oscura è assolutamente libera; il praticante ideale della persuasione oscura ha come obiettivo quello di convincere sulla veridicità della sua posizione.

Questo, tuttavia, potrebbe dare una visione leggermente distorta sulle differenze tra i due tipi di persuasione e sarebbe comprensibile se, finora, si credesse che la persuasione oscura sia strettamente legata all'inganno ma bisogna comunque considerare che si può utilizzare la verità tanto quanto qualsiasi altro tipo di persuasione. La differenza fondamentale è che la persuasione oscura non ha alcun legame fondamentale con la verità e, in altre parole, si potrebbe dire che il maestro della persuasione oscura si preoccupa della verità solo quando quest'ultima è al servizio dei suoi obiettivi finali.

Per la persona che usa la persuasione oscura, la verità può essere estremamente preziosa e nulla è più convincente di qualcosa che sia dimostrabile.

Possiamo affermare, dunque, che per la persuasione oscura, la verità è solo un'altra pennellata o un altro colore da mescolare e applicare al dipinto della persuasione nel suo insieme ed è proprio questo il carattere distintivo della persuasione oscura ovvero meno rapporto con la verità.

Questo modo di pensare è incredibilmente liberatorio e creativo e Friedrich Nietzsche parla dell'aumento del potenziale creativo e attivo che va di pari passo con lo sbarazzarsi della verità. Senza considerare ciò che è giusto o sbagliato, la creazione e la vitalità hanno la precedenza sulla fedeltà a qualsiasi limite morale; in questo senso, la persuasione oscura è un meraviglioso esempio dell'ideale nietzschiano dove la vita attiva si oppone in tutti i modi alla vita inattiva dei moralisti non creativi del mondo accettando solamente la normale persuasione. Se si segue questa metafora fino in fondo, però, si scopre un rovescio della medaglia che merita di essere ascoltato.

Per eccellere come artista della persuasione bisogna sempre avere un obiettivo perché manca un'autorità morale oggettiva o una verità e hai bisogno di qualcosa che ti dia una direzione in modo da non perdere il controllo e finire sopraffatto dalla libertà. Ecco perché, ancora una volta, la concentrazione e l'attitudine a fare qualcosa sono equivalenti all'apprendimento e alla realizzazione delle capacità di persuasione oscura, ancor più della persuasione in generale.

Detto questo, la persuasione oscura ha ancora molto in comune con la sua controparte quotidiana e questo perché, in fin dei conti, i loro metodi sono molto simili; in entrambi i casi, essi implicano l'uso di astuzia, arguzia, intelligenza, sensibilità e velocità per convincere un'altra persona.

La risorsa migliore per imparare le vere e proprie tecniche della persuasione è quella di uscire e osservare le persone. La psicologia oscura è una pratica in cui le sue tecniche sono destinate ad essere utilizzate e il modo migliore per impararla è uscire ed iniziare a praticarla; lo stesso vale per la persuasione tradizionale che ha a disposizione un po' più di risorse per lo studio ma, in ogni caso, non c'è nessun sostituto all'azione.

Detto questo, è importante ricordare l'idea di intimità oscura e come essa si rapporta alla persuasione oscura. Infatti, l'intimità oscura, aiuta a ridefinire il proprio rapporto con la verità ai fini della persuasione oscura, in quanto immagina radicalmente il modo in cui una persona può relazionarsi con un'altra; se usata senza troppa cautela, può limitare la misura in cui si è in grado di avere un rapporto normale. Con un'intimità abbastanza oscura, nessuna quantità di connessione umana si sentirà mai del tutto autentica perché trasformerà l'intimità stessa in un altro strumento ma questo non vuol dire che non debba essere usato.

In realtà, è una componente necessaria della persuasione oscura che si basa sullo sfruttamento delle parti più profonde e sensibili di un'altra persona.

Come individuare ed evitare la persuasione oscura

Ormai avete compreso che la persuasione è una forma molto incisiva di interazione sociale e non c'è modo per evitare di affrontarla; inoltre, le persone solitamente non nascondono il fatto che stanno cercando di persuaderti.

La persuasione oscura, invece, è una storia completamente diversa ed è quasi sempre nascosta perché non è socialmente accettabile visto che la gente ha paura di essere controllata; se si viene etichettati come individui capaci di usare tecniche di persuasione oscura sarebbe una giustificazione sufficiente per essere immediatamente emarginati dal contesto sociale.

In altre parole è importante essere in grado di riconoscere qualcuno che usa la persuasione oscura e una delle prime cose che si dovrebbe cercare, se si sospetta che qualcuno sia capace di usare questa arte sinistra e sottile, è se questa persona ha preso o meno una quantità bizzarra o comunque anormale di interesse per te dopo aver appreso qualche notizia. Per esempio, se avete deciso di vendere la vostra auto e trovate una persona interessata che utilizza su di voi il potere della persuasione ma ovviamente non ne siete a conoscenza, come potete capire che si sta comportando in un determinato modo?

Prima di tutto, prendete nota di quale nuovo tipo di attenzione questa persona vi sta prestando; sta cercando di sviluppare un rapporto estremamente stretto con voi o vi sembra che stia solo prestando una quantità extra di attenzione alle vostre caratteristiche ogni volta che vi sta vicino? Questa è una distinzione cruciale perché, nel primo caso, egli è disposto a fare tutto il possibile per stabilire un vero legame con voi, usando quello che in precedenza era definito come il tipo più sinistro e amorale di intimità oscura, in cui fa di tutto per stabilire una vera vicinanza tra lui e la sua vittima; se questo è il caso, procedete con estrema cautela o interrompete completamente il contatto se volete essere sicuri di non farvi convincere a svendere la vostra auto.

Anche con piena consapevolezza, affrontare una persona che pratica la persuasione oscura, si rischia comunque di essere sconfitti; in quest'ultimo caso, però, la soluzione è simile alle difese contro le manipolazioni ovvero bisogna avere una consapevolezza di se stessi estremamente forte riguardo la propria psiche.

Quali sono i vostri punti deboli? Che cosa cercherebbe di sfruttare un predatore psicologico? Anche in questo caso, il modo migliore per capirlo è di andare da un terapeuta, soprattutto da uno psicoanalista.

Con questi professionisti, dedicando abbastanza tempo e lavoro, sarete quasi impenetrabili alle macchinazioni degli esperti di psicologia oscura perchè vi sentirete più capaci di riconoscere e attenuare le vostre nevrosi, anche se non riuscirete a liberarvene.

Naturalmente, un'opzione alternativa al terapeuta è quella di fare ricerche sulla psiche umana prendendo come riferimento il Complesso Epidico che risulta uno strumento incredibilmente potente per capire il comportamento umano.

Quindi, leggete e capite meglio voi stessi perché può proteggervi dai comportamenti più oscuri e insidiosi. Ricordate che la conoscenza di se stessi è il modo migliore per mettersi in guardia contro questo tipo di attacco!

CAPITOLO 12:
LAVAGGIO DEL CERVELLO

Attraverso i media e le immagini in movimento, numerosi individui considerano il condizionamento mentale una pratica insidiosa che viene portata a termine da coloro che cercano di degenerare, di colpire e di prendere il potere.

Alcuni che danno veramente credito all'intensità del condizionamento mentale, accettano che gli individui che li circondano cercano di controllare il loro cervello e la loro condotta.

In generale, la via verso il condizionamento mentale avviene in un modo sostanzialmente più modesto e non include le pratiche vili che la stragrande maggioranza ne fa parte.

In questo capitolo si approfondirà molto di più cos'è il condizionamento mentale, come può influire sulla prospettiva del soggetto e il suo utilizzo nella scienza del cervello.

Il condizionamento mentale viene definito come una tecnica per il cambiamento delle idee attraverso l'impatto sociale; questo tipo di impatto sociale avviene durante tutta la durata della giornata per ogni individuo, prestando poca attenzione al fatto che lo capisca o meno.

L'impatto sociale è l'accumulo di tecniche che vengono utilizzate per cambiare le pratiche, le convinzioni e gli stati d'animo degli altri individui.

Ad esempio, le tecniche di coerenza che vengono utilizzate nell'ambiente di lavoro potrebbero essere viste come una sorta di condizionamento mentale, poiché ci si aspetta che una persona agisca e pensi in un modo particolare quando si trova sul posto di lavoro.

La programmazione mentale può rivelarsi una questione sociale nella sua struttura più estrema, alla luce del fatto che queste metodologie lavorano per cambiare il modo in cui qualcuno suppone qualcosa senza il consenso del soggetto.

Tecniche di lavaggio del cervello

Affinché il condizionamento mentale funzioni in modo adeguato, il soggetto dovrà sperimentare una totale disconnessione e fiducia a causa del suo impatto intrusivo sulla materia.

Questo è uno dei motivi per cui un numero significativo di casi di programmazione mentale si possono verificare nelle cricche totalistiche o nei campi di prigionia; l'operatore deve molto probabilmente supervisionare i soggetti e ciò implica che essi dovrebbero controllare la loro alimentazione, i modi in cui riposano e soddisfare gli altri bisogni ma nessuna di queste attività può avvenire senza l'apporto di uno specialista.

Durante questa procedura, l'operatore lavorerà per separare deliberatamente l'intera personalità del soggetto per fare in modo che non funzioni più in modo corretto.

Quando la personalità è spezzata, l'operatore cercherà di sostituirla con le convinzioni, le disposizioni e le pratiche ideali.

La maggior parte degli analisti ritiene che sia concepibile programmare mentalmente un soggetto finché sono disponibili le condizioni corrette.

Ci sono anche vari significati di condizionamento mentale che rendono sempre più difficile decidere gli impatti dell'indottrinamento sulla materia e, una parte di queste definizioni, richiede che ci sia un tipo di pericolo per il corpo del soggetto per fare in modo da essere visto come condizionamento mentale. Queste definizioni non sarebbero viste come una ovvia programmazione mentale in quanto non si verifica alcun maltrattamento fisico.

Diversi significati del condizionamento mentale dipenderanno dal controllo e dalla pressione senza potere fisico così si potrà ottenere l'aggiustamento delle convinzioni dei soggetti; in ogni caso, gli specialisti accettano che l'impatto della programmazione mentale, anche in condizioni perfette, è solo un evento transitorio.

Sono inoltre consapevoli che il vecchio carattere del soggetto non venga completamente distrutto con l'addestramento, ma solamente accantonato per un periodo di tempo per poi ritornare una volta che la nuova personalità non sia più rafforzata.

Robert Jay Lifton ha inventato alcune intriganti considerazioni sull'indottrinamento rispetto agli anni cinquanta dopo aver contemplato i detenuti dei campi della guerra cinese e coreana; durante le sue percezioni, verificò che questi detenuti sperimentavano una procedura in varie fasi per indottrinare iniziando con l'assalto al sentimento del detenuto per poi concludersi con un presunto cambiamento delle convinzioni del soggetto.

Ci sono 10 fasi che Lifton ha caratterizzato per la procedura di programmazione mentale nei soggetti che ha considerato e queste includevano:

1. Un agguato sul carattere del soggetto

2. Forzare la colpa per il problema che ha avuto

3. Costringere il soggetto ad autovendersi

4. Raggiungere un limite

5. Offrire al soggetto pietà nella remota possibilità che cambi

6. Obbligo di ammissione

7. Incanalare la colpa nel modo previsto

8. Rilasciare l'oggetto della presunta colpa

9. Progressi verso l'accordo

10. L'ultima ammissione prima di una resurrezione.

Queste fasi implicano che la maggior parte dei riferimenti sociali tipici con cui il soggetto è abituato ad interagire sono inaccessibili.

Successivamente vengono utilizzate strategie di offuscamento della mente per accelerare la procedura, per esempio, la mancanza di un sano sostentamento e la mancanza di sonno.

Mentre questo probabilmente non sarà valido per tutti i casi di programmazione mentale, regolarmente c'è una certa vicinanza di qualche tipo di malizia fisica che si aggiunge all'obiettivo sperimentando i problemi della speculazione in modo autonomo.

Passi utilizzati

Mentre Lifton ha isolato i mezzi della procedura di programmazione mentale in 10 fasi, gli analisti attuali la organizzano in tre fasi in modo da comprendere più facilmente il soggetto durante questa procedura.

Queste tre fasi comprendono la separazione di se stessi, la

conoscenza della possibilità di salvezza del soggetto e la modificazione della personalità del soggetto.

Vedere ognuna di queste fasi e la procedura che si verifica con ognuna di esse, può aiutare a capire la personalità del soggetto.

Abbattimento di se stessi

La fase primaria della procedura di condizionamento mentale è semplicemente la loro separazione. Durante questa procedura, l'operatore deve separare il vecchio carattere del soggetto in modo da farlo sentire sempre più indifeso e aperto alla nuova personalità ideale; questa progressione è fondamentale per poter procedere con la procedura.

Lo specialista non avrà successo se il soggetto è ancora saldamente fissato nella sua determinazione e nella sua vecchia personalità.

Separare questa personalità può rendere più semplice cambiare il carattere e ciò avviene attraverso alcune fasi, tra cui un attacco alla personalità del soggetto, dare la colpa, la disonestà e il limite.

Attacco alla Personalità

L'attacco alla personalità del soggetto è essenzialmente

l'assalto ordinato al sentimento, alla propria interiorità o al proprio carattere facendogli sentire che tutto ciò che ha sempre conosciuto non è giusto.

Nei campi di detenzione, per esempio, l'operatore dirà cose come "Non stai salvaguardando un'opportunità", "Non sei un uomo" e "Non sei un ufficiale".

Il soggetto sarà sottoposto a questo tipo di assalti per un periodo di tempo considerevole, anche per mesi e questo viene fatto per debilitare i soggetti in modo che diventino disorientati, confusi e impoveriti.

Nel momento in cui il soggetto raggiunge questo tipo di condizione, le sue convinzioni cominceranno ad apparire meno forti e potrebbe cominciare ad accettare le cose che gli vengono dette.

La colpa

Quando il soggetto ha sperimentato l'attacco al suo personaggio, entrerà nella fase della colpa.

Il soggetto sarà sempre informato che ciò che ha commesso è terribile così da poter generare un enorme senso di colpa nei confronti del soggetto.

Anche la portata degli assalti può cambiare; il soggetto potrebbe essere rimproverato per le sue convinzioni e dopo un po' di tempo inizierà a sentire costantemente la vergogna intorno a sè e avvertirà che ogni cosa che sta facendo non è giusta; questo può farlo sentire sempre più indifeso e incline ad obbligare la nuova personalità che lo specialista deve fornire.

La disonestà

Nel momento in cui il soggetto si è stato convinto degli sbagli commessi, lo specialista glielo deve fare anche ammettere; ora, il soggetto sta soffocando nella sua stessa colpa e si sente eccezionalmente confuso. Attraverso la continuazione delle aggressioni psicologiche, l'operatore quasi certamente darà al soggetto il potere di rimproverare il suo vecchio carattere e questo può incorporare un ampio assortimento di cose, per esempio, far arrabbiare il soggetto con i propri compagni o la famiglia che hanno delle convinzioni diverse dalle sue.

Anche se questa procedura può richiedere un notevole lasso di tempo, quando accadrà, il soggetto si sentirà come se avesse fatto il doppio gioco con quelli a cui si sente legato e questo amplierà la vergogna così come la perdita di carattere separando ulteriormente la personalità del soggetto.

Limite

A questo punto, il soggetto si sente molto separato e disorientato e potrebbe porsi delle domande, per esempio, dove mi trovo? Chi sono? Cosa sarebbe meglio per me?

Il soggetto è in un'emergenza caratteriale e sta vivendo una profonda vergogna; dal momento che ha fatto il doppio gioco con la maggior parte delle convinzioni e con le persone che ha conosciuto, il soggetto avrà un crollo mentale.

Nella ricerca psicologica, questo metodo provoca alcuni effetti collaterali tra cui il disorientamento generale, profonda tristezza e lamento incontrollato; il soggetto si può sentire totalmente perso e quando raggiunge questo limite, lo specialista avrà fondamentalmente la possibilità di fare con lui tutto ciò che desidera, visto che il soggetto ha perso la comprensione di ciò che accade intorno a lui.

Allo stesso modo, lo specialista imposterà le diverse attrattive che sono fondamentali per portare il soggetto verso un altro quadro di convinzioni tra cui la possibilità di allontanarsi dalle sue vecchie convinzioni.

Possibilità di salvezza

Questa progressione comprende l'offerta che viene fatta al soggetto sulla probabilità di salvezza solo nel caso in cui sia felice di prendere un po' di distanza dal suo precedente quadro di convinzioni.

Il soggetto può comprendere ciò che gli sta intorno ed è informato che si sentirebbe bene nella remota possibilità di perseguire semplicemente la nuova via desiderata.

Ci sono quattro fasi che sono incorporate in questa procedura di programmazione mentale: la misericordia, l'impulso all'ammissione, la direzione della colpa e lo scarico della colpa.

Obbligo di confessione

Quando lo specialista ha avuto la possibilità di raccogliere la fiducia del suo soggetto, cercherà di ottenere un'ammissione dalla procedura e questa fase è chiamata "Puoi mantenerti da solo"; durante questa fase di condizionamento mentale, il soggetto inizia a vedere i contrasti tra i tormenti e le colpe che ha provato durante l'agguato al personaggio e l'alleviamento che sta provando dalla misericordia inaspettata.

Nel caso in cui la procedura di indottrinamento sia avvincente, il soggetto può anche iniziare a sentire il desiderio di rispondere ad una parte della considerazione che gli è stata offerta dallo specialista. Nel momento in cui ciò accade, lo specialista presenterà quasi certamente la possibilità di ammissione come un potenziale modo per alleviare il soggetto del tormento e della colpa che sta provando. Il soggetto, a quel punto, sarà guidato attraverso una procedura di ammissione della maggior parte dei torti e dei peccati che ha commesso in precedenza.

Ovviamente, questi torti e peccati saranno in relazione al modo in cui influenzano la nuova personalità che si sta creando; per esempio, se il soggetto è prigioniero in tempo di guerra, questa progressione gli permetterà di ammettere i torti che ha commesso proteggendo l'opportunità. Indipendentemente dal fatto che non si tratti di veri e propri torti o peccati, essi sono in conflitto con la nuova filosofia secondo cui la routine è in ogni caso giusta.

La direzione delle colpe

Quando il soggetto entra nella direzione dell'avanzare delle colpe, può sentire la colpa e la vergogna che gli è stata addossata ma non sono pronti a farvi sapere esattamente che cosa hanno fatto di male però si rendono semplicemente conto di non essere corretti.

Molto probabilmente lo specialista gli chiarirà il motivo per cui si trova nel tormento che sta provando ed è qui che si costruisce l'accordo tra le vecchie e le nuove convinzioni; essenzialmente, il vecchio quadro di convinzioni è stato creato per confrontare il disagio mentale che il soggetto sta provando mentre il nuovo quadro di convinzioni è stato costruito per relazionarsi con la capacità di allontanarsi da quell'angoscia.

La decisione sarà dei soggetti ma è molto semplice comprendere che sceglieranno il nuovo quadro per iniziare a sentirsi bene.

Scarico della colpa

In questa progressione, il soggetto è arrivato a capire che le sue vecchie convinzioni hanno causato il suo tormento; a questo punto, sono stanchi delle colpe e delle disgrazie che gli sono state addossate per lungo tempo e cominciano a capire che non è davvero qualcosa che hanno fatto a farli sentire così ma piuttosto sono le sue convinzioni a causare la colpa.

Allo stesso modo, si sentirà meglio perchè ha capito che non è lui il terribile individuo ma le persone che ha frequentato ed è il suo quadro di convinzioni che è il vero colpevole a causare l'inquietudine.

Il soggetto ha scoperto di avere un modo per uscirne fondamentalmente allontanandosi dal quadro di convinzioni e l'unica cosa che il soggetto dovrebbe fare per scaricare la colpa che sta sentendo è rivisitare le fondamenta e gli individui che sono collegati con il vecchio quadro di convinzioni e solamente dopo saranno liberati dalla colpa.

Attualmente il soggetto ha una certa padronanza di questa fase e tutto ciò che dovrebbe fare è ammettere una qualsiasi dimostrazione collegata al vecchio sistema di pensiero.

Quando l'ammissione completa sarà stata fatta, il soggetto avrà terminato il licenziamento mentale completo del suo precedente carattere mentre lo specialista dovrebbe offrire al soggetto un'altra personalità per aiutarlo a modificare il suo carattere in quello ideale.

Ricostruzione di se stesso

Il soggetto ha vissuto un bel po' di lotte ed è stato sottoposto ad un'esperienza che ha lo scopo di spogliarsi del suo vecchio carattere per passare, gradualmente, a riconoscere che il suo quadro di convinzioni deve essere cambiato perché rappresenta la ragione della qualità ingannevole; quando questo risultato sarà stato raggiunto, il soggetto dovrà capire come trasformare la propria persona per iniziare a sentirsi bene con se stesso.

Confessione finale e ricominciare da capo

Nonostante la decisione non sia davvero di loro competenza, lo specialista ha deliberatamente lavorato tutto il tempo per portare il soggetto a sentirsi libero di scegliere il nuovo personaggio.

Nella remota possibilità che la procedura di programmazione mentale sia eseguita in modo efficace, il soggetto rifletterà sulle nuove decisioni e stabilirà che la migliore è quella di seguire il nuovo personaggio.

Non ci sono decisioni diverse perchè scegliere la nuova personalità gli permette di alleggerire la colpa che si sente suscitando soddisfazione mentre scegliere il vecchio personaggio gli provoca tormento e, durante questa fase della procedura, il soggetto ha l'opportunità di fare la scelta giusta.

Nel momento in cui il soggetto differenzia l'angoscia e il tormento della sua vecchia personalità dalla quiete che accompagna la nuova, sceglierà sicuramente il nuovo personaggio; questo nuovo personaggio assomiglia ad un tipo di salvezza e li incoraggia a sentirsi meglio senza dover gestire le colpe e la miseria.

Al termine di questa fase, il soggetto abbandonerà il suo vecchio carattere e sperimenterà una procedura di voto di fedeltà al nuovo, rendendosi conto che sarà efficace per migliorare la sua vita.

Di solito, durante quest'ultima fase, ci sono servizi e cerimonie che si svolgono; il passaggio dalla vecchia personalità al nuovo personaggio è un calvario importante poiché sono stati utilizzati, da entrambe le parti, molto tempo e molta vitalità.

Questa procedura può durare da molti mesi a molti anni e la stragrande maggioranza sono fissati nella loro personalità e nelle loro convinzioni.

Non è una procedura semplice perché richiede la segregazione e il tempo per convincere il soggetto che tutto ciò che sa non è giusto e che è un individuo terribile; solo a quel punto, si procede con il tentativo di ammettere che il soggetto compie degli sbagli a causa della sua vecchia personalità.

Finalmente il soggetto sarà spinto ad accettare di poter migliorare nella remota possibilità di abbandonare i vecchi pensieri e di cogliere la tranquillità che accompagna la nuova personalità che viene introdotta.

E' molto importante fare questi processi perché l'indottrinamento deve essere praticabile e bisogna creare il nuovo personaggio.

CONCLUSIONI

Questo libro ha avuto come scopo quello di fornirvi una comprensione su come analizzare e persuadere coloro che vi circondano.

Anche se ogni individuo è unico, ci sono certamente degli aspetti che sono simili tra ogni persona.

La maggior parte delle persone ha il desiderio di soddisfare i propri bisogni o desideri e quando queste idee vengono realizzate, la persona può essere analizzata meglio.

Capire il contesto in cui una persona è cresciuta o l'ambiente in cui ha vissuto è molto importante per determinare cosa rende una persona unica.

Quando si analizza un'altra persona, si comincia a guardare il suo linguaggio del corpo; il modo in cui una persona usa gli occhi, il viso e le braccia può determinare come potrebbe essere veramente; ci si può rendere conto che una persona che sembra sicura di sé potrebbe in realtà essere debilitata dalla sua ansia se si cominciano a notare alcuni particolari movimenti del suo corpo e si può anche scoprire che persone in cui si riponeva fiducia, in realtà, ti stanno ingannando.

Non avrete mai una comprensione completa di un'altra persona ma sarete almeno in grado di iniziare a capire il motivo di determinati comportamenti.

Una volta che sei stato in grado di analizzare qualcuno, puoi cominciare a persuaderlo e questo è importante in alcuni casi per ottenere ciò che si vuole, o per lo meno, ottenere ciò che si merita.

Può essere difficile iniziare a prendere coscienza di se stessi ma è un passo fondamentale per prendere coscienza di chi ti sta intorno.

Una volta che hai la capacità di analizzare te stesso e gli altri, sarai in grado di persuadere e convincere chiunque e quando riuscirai a farlo, ti renderai conto di tutto il potere che hai sulla tua vita.

DISCLAIMER

Questo libro è stato scritto solo a scopo informativo. Ogni sforzo è stato fatto per rendere questo libro il più completo e accurato possibile.

Tuttavia, ci possono essere errori tipografici o di contenuto. Inoltre, questo ebook fornisce informazioni solo fino alla data di pubblicazione. Pertanto, questo libro dovrebbe essere utilizzato come guida - non come fonte definitiva.

Lo scopo di questo libro è quello di educare. L'autore e l'editore non garantiscono che le informazioni contenute in questo libro siano complete e non sono responsabili per eventuali errori o omissioni.

L'autore e l'editore non hanno alcuna responsabilità nei confronti di qualsiasi persona o entità in relazione a qualsiasi perdita o danno causato o che si presume sia stato causato direttamente o indirettamente da questo ebook.

9 781801 44